主编 吴越 陈翔
编著 王卡 王嘉琪 罗晓予 高峻

建筑设计新编教程2—基本建筑

New Course of Architectural Design 2-Basic Architecture

中国建筑工业出版社

图书在版编目（CIP）数据

建筑设计新编教程. 2，基本建筑 = New Course of
Architectural Design 2-Basic Architecture / 吴越，
陈翔主编. -- 北京 ：中国建筑工业出版社，2022.6
ISBN 978-7-112-27444-4

Ⅰ. ①建… Ⅱ. ①吴… ②陈… Ⅲ. ①建筑设计－高
等学校－教材 Ⅳ. ①TU2

中国版本图书馆CIP数据核字(2022)第094881号

责任编辑：徐昌强 李东 陈夕涛
责任校对：王烨

建筑设计新编教程2－基本建筑
New Course of Architectural Design 2-Basic Architecture
主编 吴越 陈翔
编著 王卡 王嘉琪 罗晓予 高峻

*

中国建筑工业出版社出版、发行（北京海淀三里河路9号）
各地新华书店、建筑书店经销
临西县阅读时光印刷有限公司印刷

*

开本：850 毫米×1168 毫米 1/16 印张：13 字数：395 千字
2022 年 8 月第一版 2022 年 8 月第一次印刷
定价：**138.00** 元
ISBN 978-7-112-27444-4
（39510）

前言

面对全球化、信息化的挑战，建筑学这门古老的学科，正经历空前变革的压力。专业结构的渗透与交叉、知识体系的更新与互联，打破了学科的固有边界，也触碰了学科的既有内涵。与之相对应的建筑教育，如何适应高速变化的外部环境，走出象牙塔式的传统教育模式，探索一条与时代进步相适应的改革之路，显得尤其必要和迫切。

基于上述思考，浙江大学建筑学系自 2016 年以来，对本科核心设计课程进行了系列调整。以"国际化、跨学科、实战对接"为核心理念，以提升思维能力和专业素养为目标导向，形成了"3+1+1"建筑设计课程体系（图 1），提出了"知识传授与素质培养并重、技能训练与思维培育兼顾，宽平台、厚基础的卓越人才培养方案"。特别是本科前三年，以较为严格控制的、理性的课程体系进行设计核心课程训练，通过"设计初步""基本建筑""综合进阶"三个阶段的系统学习，掌握建筑设计的基本方法和技能，为后续的专业学习及专业拓展打下良好的基础。

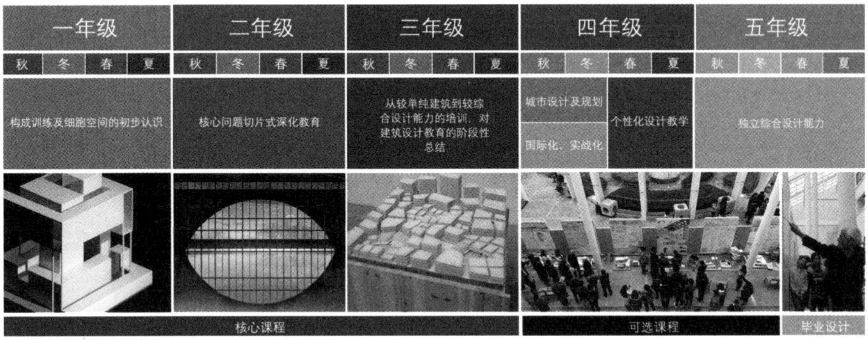

图 1 "3+1+1"建筑设计课程体系

课程训练分为"设计思维训练"和"基本技能训练"两个系列。其中"设计思维训练"通过细胞空间初步训练、核心问题切片训练、复杂问题综合训练这几个递进式教学模块的设置，由抽象到具象、由部分到整体、由简单到复杂，逐步提升，实现对建筑设计问题的综合理解和掌握。"基本技能训练"包括二维图示、三维模型、视觉图解、田野调查、分析测评、阅读归纳、案例启蒙、建筑策划、专题研究、综合表达、执业熏陶、竞争与团队合作等素质能力的训练，有机嵌入设计思维训练的环节中，形成一个系统的学习方法体系。（图 2）

在本科前三年的课程体系里，一、二年级聚焦"建筑本体系统"的空间、功能、技术、形式等核心问题，并触碰到外部具体环境，完成从抽象认知到基本建筑的系统性基础学习。三年级是在前两年"建筑本体系统"训练的基础上，叠加包括城市（建成环境、规划）、自然（场地、景观）、文化（地域、历史、文脉）、社会（社区、人群、观念、规则、决策机制）等"复杂外部系统"的综合性训练。（图 3）

一年级的核心关键词是"基础理性"，通过基于构成和细胞空间的初步训练，培养学生初步的设计概念和设计理性。课程训练包括三维图底、体积规划、水平切分、垂直积聚、视觉尺度、形式秩序、人居空间、建构逻辑、场所环境等建筑设计基础性问题的系统训练，形成"以科学方法启蒙理性设计思维"的建筑设计基础教学体系。教学组织模式以"教、学、评、展、著"五个环节，构成前后关联、相互支撑的系统，引导学生实现五感合一："眼"（细心观察）、"手"（实际操作）、"脑"（思辨分析）、"口"（表达沟通）、"心"（成就感与专业热情）。强调知识、技能与思维意识三个层面多对矛盾（包括直观现象与抽象属性、直觉偏好与理性逻辑、约束限制与激发创新）的"一致性"，激发学生持续、自主的学习和探索。

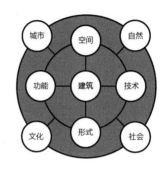

图 2 "设计思维训练" 与 "基本技能训练"　　　图 3 "建筑本体系统" 与 "复杂外部系统"

二年级的核心关键词是"基本建筑"，包括基本要素、基本关系、基本原理三方面内容。通过对基本功能、基本结构、基本构造、基本材料、基本设计语言、基本建筑环境、基本规范等建筑设计的基本问题的切片式学习，形成对建筑设计基本方法的理解和掌握。课程强调技能切片训练的逻辑性（包含整体性）、操作与观察的互动性（包含多元性）。具体通过一系列具有针对性的设计，包括人居（空间与功能角色）、建构（空间与结构构造）、场所（空间与场地环境）等各有侧重的设计思维训练横向切片，及"阅读、调研、分析、测评、表达"等技能性纵向切片，将基本问题嵌入设计课题，既突出问题，又有效地训练设计。

三年级的核心关键词是"综合进阶"，是在前两年基础性训练的基础上，加入复杂功能、复杂结构、复杂材料和构造、复杂环境等因素，强化对复杂建筑问题的理解，强化对综合性建筑设计能力的训练和提升，是核心设计课程的阶段性总结。三年级设计课程包括约束性设计、系统性设计、开放性设计、探究性设计四部分内容。其中的"约束性设计"，以都市环境下的既有建筑改造作为课题载体，强调条件约束对建筑设计的影响，训练学生的问题意识，以及在限定状态下对建筑问题的回应和解决；"系统性设计"强调"系统观念"在建筑设计中的作用，课题以"自然环境场地 + 非经验功能主题"的方式，通过对环境系统与建筑系统的复合叠加，引导学生理解建筑是由众多系统性要素复合建构的复杂体系，尝试从无到有建构完整性建筑世界的可能；"开放性设计"的命题以事件为线索，以社会性、思想性为概念内核，通过短周期的课题训练学生对建筑设计问题的开放性探索；"探究性设计"关注建筑设计的"问题、策略、解决"等环节的综合性能力训练，针对城市片区的人群、建筑等复杂现象，通过问题研究、项目策划、建筑设计、概念竞标与团队合作等操作环节，训练学生的实战对接能力、对复杂条件的评估决策以及建筑设计问题的全光谱观察，实现不确定条件下的确定性设计。

针对本科三个年级的建筑设计教学，本教程对应为《建筑设计新编教程 1—设计初步》《建筑设计新编教程 2—基本建筑》《建筑设计新编教程 3—综合进阶》。

本教程尝试以客观型教学替代主观型教学，通过结构有序的教学流程的组织，让学习者理解建筑设计教学的规律性特征，达到普遍合格的学习效果和质量。具体归纳如下：

1. 将建筑设计教学问题分解为"建筑本体系统"+"复杂外部系统"的叠合。教程 1 关注"建筑本体系统"核心问题的抽象认知；教程 2 关注"建筑本体系统"核心要素的完整学习；教程 3 关注叠加"复杂外部系统"后形成的复杂建筑系统的整体建构。阶段目标清晰，整体目标完整，具有较强的连贯性、系统性。

2. 强调思维能力培养与基本技能训练的"双轨推进"。教程编排包括设计思维培养、设计技能操作由易到难的系统训练，统筹学习者在知识、能力、人格等素质培养方面的完整性以及未来职业发展的宽适性。

3. 突出建筑设计教学的"问题导向"特点。课题设置避免按功能类型组织的程式化操作，代之以通过细胞空间初步训练、核心问题切片训练、复杂问题综合训练的渐进式方案，围绕基于设计能力提升这一核心问题，形成具有针对性的解决路径。

4. 通过对设计要素的抽象提炼，突出特征，提高专业学习的"可辨识度"。比如以"基本建筑"的概念对设计的基本问题作切片式提取，将问题切片嵌入设计课题，形成"强调功能的设计""强调材料结构的设计""强调构造的设计""强调组群的设计"等有较强可识别性的"基本建筑"设计方法的学习。

5. 根据不同的学习内容，设置不同的学习场景。一年级基于原理的"操作"强调客观性，基于变量的"观察"强调能动性，形成"基本操作后的观察"；二年级的教学则是"切片观察后的操作"；三年级的教学强调"观察与操作反复叠加的综合"。场景与角色的切换，有利于学生在复杂的建筑设计学习过程中修正认知，找准坐标。

6. 教程的选题强调非经验性。比如动物收容所、西溪艺舍等，由于学生缺乏对这一类建筑的直观认识，需通过调研、查找资料等方式重新认识功能，理解功能在设计中的真实意义。又比如"再建筑"的功能策划，让学生分成多个小组，分别以社区、企业、开发商、个人、NGO等角色进行任务书编制。角色的多元性，使学生跳出小我的局限，看到建筑背后复杂的社会属性，从而进一步理解基于需求的功能任务书是如何制定出来的。

7. 鼓励和培养正确的设计价值观。强调知识、技能与思维意识三个层面多对矛盾（包括直观现象与抽象属性、直觉偏好与理性逻辑、约束限制与激发创新）的"一致性"。强调基于社会性、思想性、策略性、可持续性的设计价值观的凝练，以及强调基于约束性、系统性、开放性、探究性的设计方法论的提升，激发学生持续、自主的学习和探索。

本教程的素材大部分采自浙江大学建筑系近五年建筑设计教学的教案、作业。感谢参与整个设计教学过程的所有教师、同学的辛劳与付出；感谢对本教程编写提出宝贵建议的前辈、同仁；感谢胡慧峰、管理、张焕、戚山山、许伟舜、秦洛峰、汪均如、浦欣成、宣建华、王晖、黄絮、魏薇、傅舒兰、连铭、毛联平、钱锡栋、董笑砚、贺勇、孙炜玮、夏冰、吴津东、徐辛妹、余之洋、陈子莹、章艳芬、张佳苹、郭剑峰、朱彤、钟佳滨、虞思蕊、胡敏、马斌、蒋雅静、沈令逸、余沛东、孙雅文对本书的贡献；感谢浙江大学建筑规划学科联盟、浙江大学平衡建筑研究中心对本书出版给予的支持！

期待从事建筑教育同仁的批评指正！期待建筑教育更丰富多彩的未来！

吴越 陈翔

目录

人居·空间与功能

题目从"理想家"发展到"工作家",小住宅设计作为二年级设计课的第一个训练,主题始终聚焦于居住功能与空间的关系。"家"中引入"工作",是对居住功能与时俱进的解读和适应,更是为了激发学生的创作欲望,在学习观察并寻求解决方案的同时体验设计操作带来的获得感。立方体空间设定的纯粹性及其带来的限制则有助于学生保持理性的状态,在面对真实环境和设计任务时能够在一年级所学的基础上进行更深刻的思考。

课题概述

图 1-1 基地卫星照片

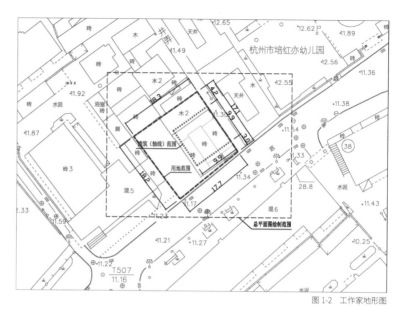

图 1-2 工作家地形图

图 1-3 基地现状照片

教学任务

观察人居空间与功能的关系，通过立方体住宅设计衔接并升级一年级设计课立方体空间的操作方法。

教学要点

设计训练切片

1. 生活场景与空间特质－功能与空间的关系：基本、特质
2. 生活内容与空间分化－公共与私密、服务与被服务
3. 空间关系与形式结构－内外、虚实、开放封闭、中心边界、上下、长宽高
4. 建筑要素与空间限定－庭院、入口、过厅／天井、走廊、楼梯、露台
5. 基本的建构方式及剖透视表达－结构的梁柱墙关系、防水构造做法

技能训练切片

1. 阅读－《居住建筑设计原理》（平行课）
2. 调研－多源数据综合（纪录片调查＋现场察访）
3. 分析－叠片模型空间分析、图示分析
4. 表达－基本建筑制图（平面图专项）、剖透视（手绘）

基地现状

用地近似方形，面积 319m²，位于杭州上城区十五奎巷社区、吴山脚下，距鼓楼 220m，用地范围内现状建筑拆除（图 1-1～图 1-3）。

功能配置要求（各区块面积应结合调研及相关标准、规范确定） 表 1-1

总建筑面积：220~300 m²	
不同家庭成员的私密性居室	主、次卧室（主卧应带卫生间），可设 1 间客卧
家庭成员共同使用的区域	起居室：适合所有家庭成员共用
	餐厅：满足不同人数（2~8 人）的用餐需求
居住服务设施	厨房、卫生间：如工作空间有类似需求，不应与居住区域共用
	洗衣间（可与其他空间共用）、储藏间等
其他	工作或商业服务空间：布置于底层并向街道开放
	在用地范围内设置 1 个机动车位供本住宅使用

设计内容

拟建一栋 3 层独立住宅（建筑范围线的位置可在用地范围内自定，需符合建筑间距要求），居住者不少于 5 人，身份、年龄由设计者拟定，并考虑"生活 + 工作"的模式，功能配置详见表 1-1。结合住宅的使用对建筑范围以外的用地——街头小公园进行适当布置（包括一个普通机动车位）。

设计要求

1. 住宅外轮廓限定在一方体内（轴线尺寸 9.9mX9.9mX9.9m），允许掏挖形成架空、内凹空间（掏挖形成的局部悬挑不超过 3.3m）
2. 建筑内部空间处理以直线为主
3. 房间尺寸、家具布置、功能分区、流线组织合理
4. 采用混凝土框架结构填充加气混凝土砌块，可用方柱或异形柱，外墙 200mm 厚，内墙 100mm 或 200mm 厚
5. 主要楼梯踏步尺寸：250mmX200mm（h），局部阁楼等夹层空间可设置垂直爬梯
6. 总图布置中需对场地进行简单设计，包括人 / 车行及其与城市道路的衔接、小公园的休憩活动等

参考阅读

详见平行理论课《建筑设计原理（居住专题）》

图1-4 成果示例：调研分析（报告）

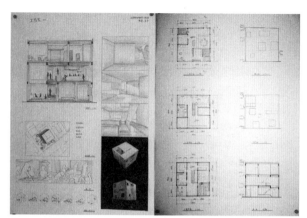

图1-5 成果示例：中期挂图

设计成果

调研分析 视频、基地分析，家庭设定构想及相应的特质空间案例分析（图1-4）

中期挂图

1. 铅笔手绘，1：300总图、1：100各层平面图、立面图、剖面图若干、1：50剖透视图、分析图及草模照片（图1-5）

2. 草模，1：50，材料不限

最终成果

1. 图纸，A2竖版2张（图1-6），手绘工具墨线黑白图，内容包括：

   总平面图1：300，标注指北针、层数、出入口、红线距离、环境示意，自拟任务书及主要技术经济指标：用地面积、总建筑面积、容积率、建筑密度、绿地率等

   各层平面图1：100，标注尺寸、剖切符号、标高、台阶楼梯上下方向、房间名称，绘制对空间限定有较大影响的家具及设备，底层平面需表达一定范围内相连的外部空间

   剖面图1张1：100，标注主要建筑面标高

   立面图2张1：100，用阴影表现建筑的体形和前后关系，绘制配景

   剖视图1张1：50，需绘制主要家具、设备以充分表达空间效果

   室内透视图，至少1张，铅笔或墨线绘制

   分析图，针对空间特色选择教学要点2~4中的一项进行表达

2. 模型，1：50，木板或KT板制作，要求表达基地环境（图1-7）

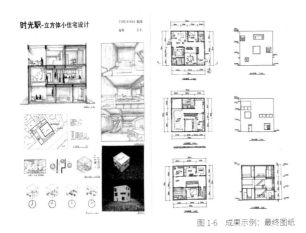

图1-6 成果示例: 最终图纸

图1-7 成果示例: 最终模型

设计进度

周	任务	课堂讨论内容1	课堂讨论内容2
1	观察空间与功能的关系: 观看相关视频, 截屏表达特质空间与功能的关系, 确定家庭设定进而构思特质空间	开题 基地现场调研	PPT: 视频截屏、特质空间分析草图
2	探讨空间分化、空间关系和空间限定: 用有机玻璃片绘制平面草图并叠加观察空间关系; 用KT板+彩色塑料片制作空间分析模型	1: 100 平面草图	空间分析模型
3	细化空间设计: 用KT板制作草模、绘制主要空间一点透视草图(重点关注空间尺度、光线和界面)、绘制各层平面及剖面草图	1: 50 草模、透视草图	法定假日 (按当年日历预留)
4	了解厨卫设备布置: 结合方案在功能和空间上的特质, 在1: 100平面图中细化卫生间、厨房平面布置; 学习相关分析图的绘制	法定假日 (按当年日历预留)	1: 100各层平面草图、1: 100剖面草图
5	研究流线组织及走廊、楼梯的设计要点: 绘制相关剖面图; 研究材料与空间的关系, 绘制增加材料质感的交通空间透视图	厨卫设施布置图 功能流线分析图	剖面图、流线分析图、透视图
6	通过绘制1: 100剖面研究结构基本形式及主要构造做法(防水); 研究内部与外部空间界面与建筑立面的关系, 绘制1: 100立面草图	剖面草图、草模	立面草图、草模
7	平面、立面、剖面深化; 绘制总图 板绘正图、模型制作	中期挂图	方案深化
8	板绘正图、模型制作	成果制作	成果制作
9	提交正图、模型; 分组答辩	成果制作	挂图、答辩

课题背景

从"理想家"到"工作家"的题目演变

二年级建筑设计教学的第一个训练,题目经历了从经典的"理想家"到"工作家"的演变。这既反映了"人居·功能"主题的与时俱进,更是二年级"基本建筑·切片训练"教学路径逐渐明晰的结果:延续一年级的"立方体"空间操作训练,同时强调与操作并行的对人居·功能的观察训练。

图 1-8 "理想家" 2005 级

"理想家"以主人身份,设计富有个性、符合时代发展、符合自己理想的独立式小住宅(图 1-8)。

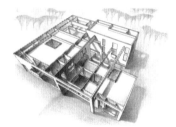

图 1-9 "三户人的居住共同体" 2006 级

"三户人的居住共同体"就是注重邻里的居住组合单元。本题目拟在一亩半地范围内,设计 3 户人的居住(图 1-9)。

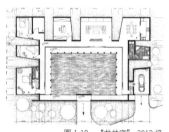

图 1-10 "龙井宅" 2012 级

"龙井宅"拟在龙井村建设一幢单层砌体结构小住宅,为一家三口的住户提供良好的居住空间,居住者身份、年龄由设计者拟定(图 1-10)。

图 1-11 "自在居" 2015 级

"自在居"拟在某建成环境中建设一立方体小住宅,为一家四口的住户提供良好的居住空间,居住者身份、年龄由设计者拟定(图 1-11)。

与设计课平行设置的《建筑设计原理（居住专题）》课

原理课在内容和进度设置上与设计课保持平行，为设计训练提供了充分的理论支撑。设计课与理论课的训练成果共享，为学生减负的同时更好激发了学生创作的欲望，打开了学生创作的视野，保持了学生创作的热度。

教学日历 理论课

第一课：住居绪论（讲授，2 课时）
住居建筑的起源；千姿百态的世界各地传统民居语言；璀璨的中国传统住居文化；我国住居建筑的历史沿革；现代住居建筑的发展方向；家庭演变与住居空间；我国住居建筑问题与建筑更新

第二课：起居室系列空间设计（讲授，4 课时）
中华传统起居与礼仪；公共的起居空间：客厅、餐厅、门厅、家庭室、特殊用房、多用途用房的尺度与布局等

第三课：卧室系列空间设计（讲授，4 课时）
中华传统起居；私密生活空间：卧室及附属用房的尺度与布局特点等

第四课：厨房系列空间设计（讲授，2 课时）
不同热源的厨房类型；厨房的功能流线；厨房的尺度空间；厨房的布局类型；厨房的设备设施

第五课：卫生间系列空间设计（讲授，2 课时）
卫生间的基本组成；卫生间的尺度空间；卫生间的布局类型；卫生间的功能细化；卫生间的设备设施

第六课：庭院、阳台、露台及辅助空间设计（讲授，2 课时）
中国人的庭院情结；阳台的功能分类；阳台的形态分类；阳台的设计原则；露台及空中花园空间设计；阳台的形态设计
住宅的辅助空间设计：贮藏、走廊、垃圾收集及空调等设备设施

第七课：垂直交通及空间组合设计（讲授，2 课时）
住宅户内楼梯的尺度与要求；户内楼梯的设计原则；住宅户内功能分区原则；套型三维空间组合设计类型

第八课：低层住宅类型及立面、造型设计（讲授，2 课时）
低层住宅的优缺点；低层住宅的不同类型及各自特点：独立住宅、联排住宅、低层集合公寓、农居等
住宅建筑设计的审美；住宅造型的设计原则：体量、形体、构图、材质、色彩、地域文化风格

教学日历 设计课

第一周：
观察空间与功能的关系

第二周：
探讨空间分化、空间关系和空间限定

第三周：
细化空间设计

第四周：
了解厨卫设备布置

第五周：
研究流线组织及走廊、楼梯的设计要点

第六周：
研究结构基本形式及主要构造做法（防水）；研究内部与外部空间界面与建筑立面的关系

第七周：
平面、立面、剖面深化；绘制总图

第八周：
板绘正图、模型制作

切片详解

■ 寻题 · 构思

本人
爱看书/喜欢有意思的书店（书吧）/
小资情调/

调研
实地探访/资料收集/视频观看/
书屋/书房/书店/书吧/

整体构思
构想一个关于"书"的背景故事/
走近"书香门第"五口之家的生活模式/
打造小雅室"书香不怕巷子深"的书吧/
初步践行建筑设计引导生活理念/
粗浅探索地域文化、历史文脉与当代建筑语言的结合/
开启一段曲折探索之旅/

时代背景
传统书店的变迁/网络书城的兴起/电子书的流行/
书吧的异军突起/

地理环境与历史文脉
幽静小巷/吴山脚下/鼓楼巷口/历史民居/

■ 灵感 · 情怀

纪录片《书店里的影像诗》
用镜头记录近百家前店后屋/店屋合一模式的书屋，记录鲜活生动故事

阿福的书店

时光二手书屋

阿维的书店

■ 人物 · 故事   书香门第/老书新吧

人物 · 家庭	故事 · 需求	特质空间
照顾遗体的外婆 外婆的爷爷是单人/父亲是民国时期留洋的学者/基地本是祖传私藏/外婆是退休教授，特别喜欢读书、读经典，以文会友/酷爱有年代感的小物/	早睡早起 作息规律/ 读经书 新鲜空气/	外婆的"绿色"房间（私密空间）/ 沙发空间/会谈空间（对外开放）/
年轻的妈妈 书吧的老板，喜欢读书/喜欢读新书、想看卖新鲜书/	打造书吧/阅路追求/	新、老书共存的书吧（对外开放）/
读大学的小舅舅 思想开放，比较新潮/学习努力，喜欢读书/	思松身心/小资情调/	学习环境/会谈空间/	小舅舅的个性空间（私密空间）/
一岁的诺诺 需要妈妈的照顾/需要文化熏陶/	健康成长 文化熏陶/	诺诺的儿童房间（私密空间）/
	共同需求 一家人团聚、交流	

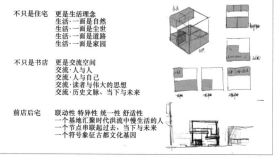

不只是住宅　　**更是生活理念**
生活 · 一面是自然
生活 · 一面是尘世
生活 · 一面是道路
生活 · 一面是家园

不只是书店　　**更是交流空间**
交流 · 人与人
交流 · 人与自己
交流 · 读者与伟大的思想
交流 · 历史文脉、当下与未来

前店后宅　　联动性 特异性 统一性 舒适性
一个基地汇聚时代洪流中慢生活的人
一个节点串联起过去、当下与未来
一个符号象征古都文化基因

图 1-12　调研及案例分析报告

训练阶段 1：自拟功能设定

观察空间与功能的关系：调研基地，访谈居民；观看居住及住宅改造相关纪录片，截屏表达居住特质空间与功能的关系。基于此确定居住及工作功能设定，进而构思特质空间（图 1-12）。

设计训练切片
生活场景与空间特质：功能与空间的关系（基本、特质）

技能训练切片
阅读：《建筑设计原理（居住专题）》（平行课）
调研：多源数据综合（纪录片研究＋现场察访）

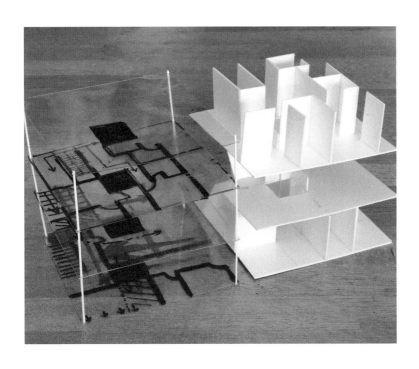

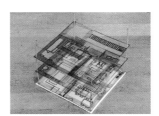

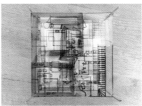

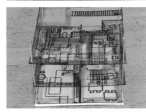

图 1-13 空间分析模型

训练阶段 2: 空间分化

探讨空间分化、空间关系和空间限定: 用有机玻璃片绘制平面草图并叠加观察空间关系; 用 KT 板 + 彩色塑料片制作空间分析模型 (图 1-13)。

设计训练切片

生活内容与空间分化: 公共与私密、服务与被服务

技能训练切片

分析: 叠片模型空间分析、图示分析

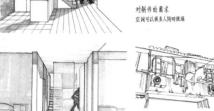

对楼梯的需求
可以弯折、进深阶梯太灵活

对制作的需求
空间可以很多人同时使用

对阳台的需求
采光好、空间大、视野性

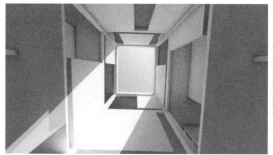

将旗袍布料的
悬挂抽象化为
天井内部的开
窗
结合影音室和
其他各房间功
能的隐私要求
进行开窗
形成虚的、轻
柔的窗纱和实
的、坚硬的墙
体的对比

图 1-14 细化空间设计

训练阶段 3：细化空间设计

用 KT 板制作草模、绘制主要空间一点透视草图（重点关注空间尺度、光线和界面）、绘制各层平面及剖面草图（图 1-14）。

设计训练切片

空间关系与形式结构：内外、虚实、开放封闭、中心边界、上下、长宽高

建筑要素与空间限定：庭院、入口、过厅 / 天井、走廊、楼梯、露台

技能训练切片

分析：叠片模型空间分析、图示分析

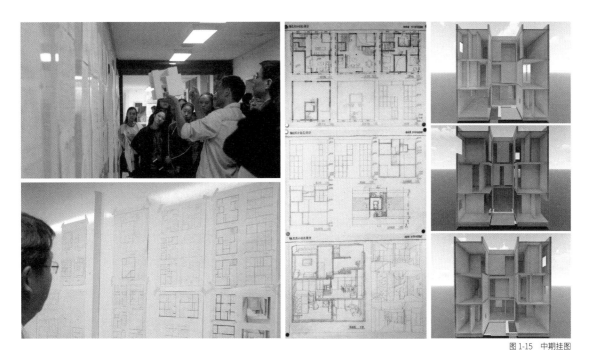

图 1-15 中期挂图

训练阶段 4：结构、构造、材料

研究流线组织及走廊、楼梯的设计要点。研究材料与空间的关系，通过绘制 1∶100 剖面研究结构基本形式及主要构造做法（防水），中期挂图以检验并优化切片训练效果（图 1-15）。

设计训练切片
基本的建构方式及剖透视表达：结构的梁柱墙关系、防水构造做法、材料表现

技能训练切片
表达：基本建筑制图（平面图专项）、剖透视（手绘）

作业示例

2018 秋 · 自在居

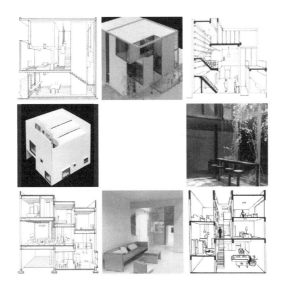

独立式小住宅设计

3170103433 高存希
指导：王嘉琪

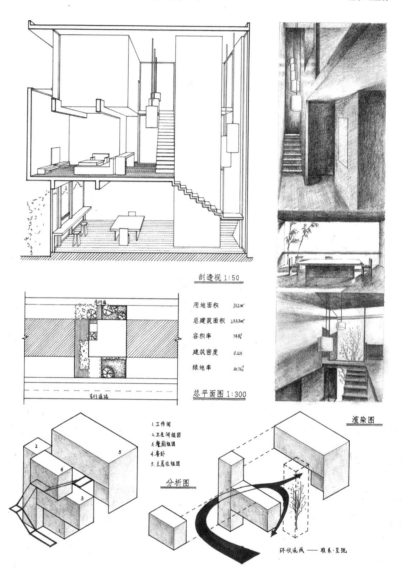

剖透视 1:50

用地面积	312㎡
总建筑面积	133.3㎡
容积率	74.9%
建筑密度	0.131
绿地率	80.7%

总平面图 1:300

1. 工作间
2. 卫生间组团
3. 餐厨组团
4. 幕卧
5. 主居住组团

分析图

渲染图

环状流线 —— 联系·显现

高存希 2017 级

作业点评

该作业从经典案例观察中发现楼梯组织生活空间的秩序特色，结合训练的网格控制要求转化为合适的手法。楼梯间偏于一角的设置，在立方体框架内获得了较大的空间灵活性。虽然因此拉长了流线，但也通过一端种树的天井形成了有趣的呼应，与此同时也完成了空间分化和功能界定。不足之处在于生活空间的细节处理不是很成熟，与趣味性的结合较为生硬。

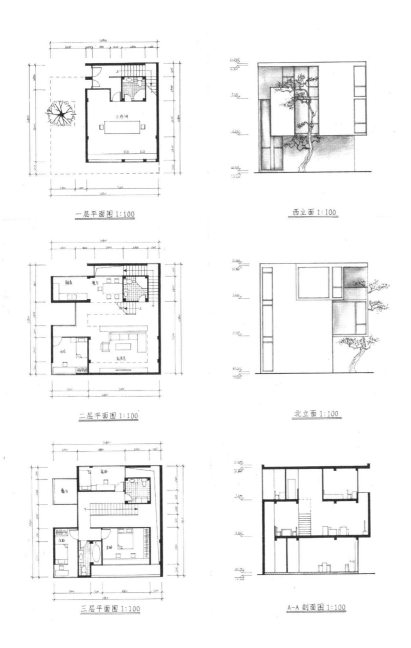

一层平面图 1:100

西立面 1:100

二层平面图 1:100

北立面 1:100

三层平面图 1:100

A-A 剖面图 1:100

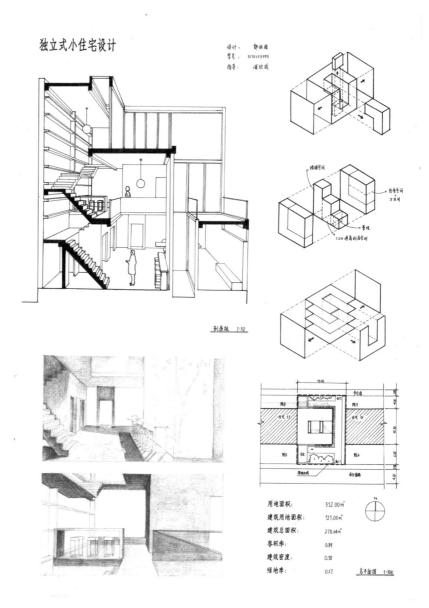

独立式小住宅设计

设计：郭依瑶
学号：5170105695
指导：诸炜成

剖面视 1:50

用地面积： 312.00㎡
建筑用地面积： 121.00㎡
建筑总面积： 278.64㎡
容积率： 0.89
建筑密度： 0.38
绿地率： 0.27

总平面图 1:500

郭伊瑶 2017级

作业点评

该作业在对立方体空间进行经典九宫格式水平与竖向控制的基础上，以一个退台特质空间的嵌入，在打破九宫格的同时回应了居住功能趣味性方面的需求。退台的组成由高到低为楼梯间、通高起居室和景观庭院，功能与空间的关系得到了准确的反映。不足之处在于随着设计深化九宫格的控制过于弱化，因此特质空间与之产生的冲突以及随之而来的趣味性也降低了。

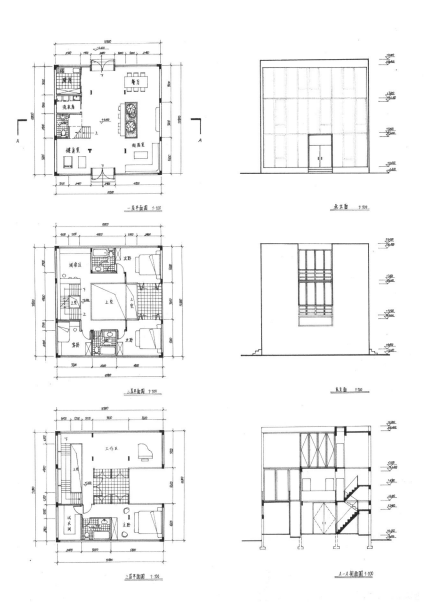

一层平面图 1:100

北立面 1:100

二层平面图 1:100

东立面 1:100

三层平面图 1:100

A-A剖面图 1:100

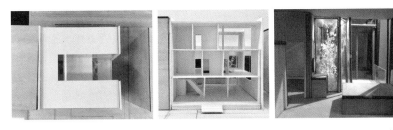

独立式小住宅设计

应婕 3170101515

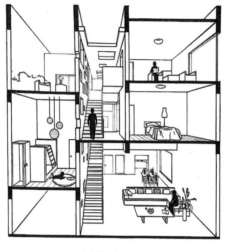

室内剖透视图 1:50

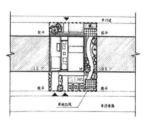

建设用地面积: 312 ㎡
建筑用地面积: 121 ㎡
建筑密度: 38.8%
总建筑面积: 326.94 ㎡
绿地率: 45.2%
容积率: 1.046

总图 1:300

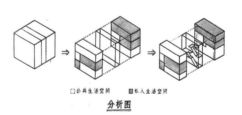

□公共生活空间　■私人生活空间

分析图

应婕 2017级

作业点评

该作业将楼梯间这个服务空间设定为特质空间,在分隔和联系被服务空间的同时,营造出独立住宅特有的居住趣味:中置的楼梯将立方体水平向分割为大小两块,然后通过竖向的高差变化,在严谨的网格中引发了可控的混乱。这种有趣的混乱通过楼梯间隔墙上的开窗被进一步延伸到住宅的外墙,将居住者的个性反映于住宅的外部形态。

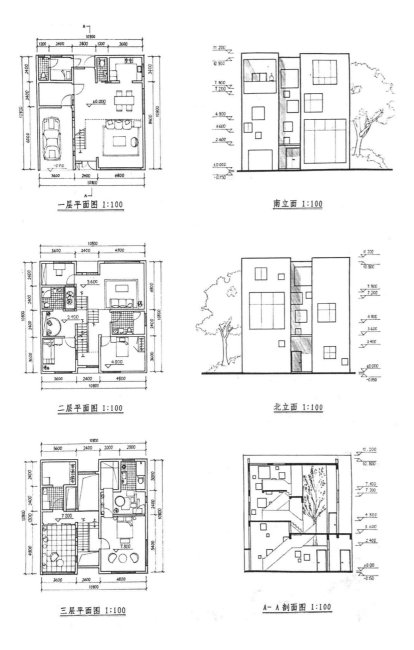

一层平面图 1:100

南立面 1:100

二层平面图 1:100

北立面 1:100

三层平面图 1:100

A—A 剖面图 1:100

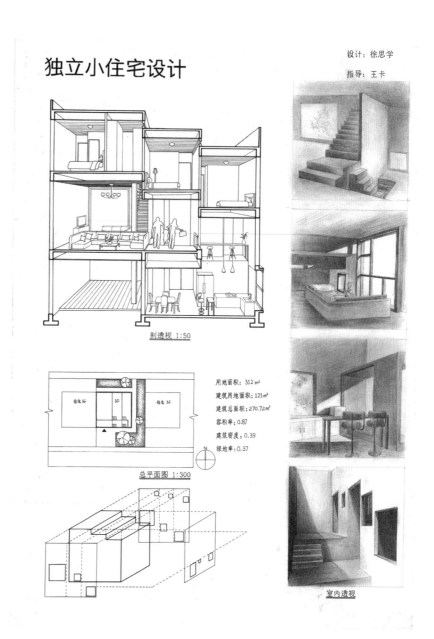

独立小住宅设计

设计：徐思学

指导：王卡

剖透视 1:50

用地面积：312 m²
建筑用地面积：121 m²
建筑总面积：270.72 m²
容积率：0.87
建筑密度：0.39
绿地率：0.37

总平面图 1:300

室内透视

徐思学 2017 级

作业点评

该作业针对立方体空间各向同性的特征，在设定家庭成员关系非常融洽的前提下，通过南北两条逐渐抬升的走廊，营造出内聚而有趣的居住氛围。错层的做法也形成了有矮墙的屋顶庭院，很大程度上避免了外界的干扰。立面的处理做到了与内部空间的充分衔接。如果底层空间能够充分反映这种融洽设定，增强空间的流动感，方案将更加精彩。

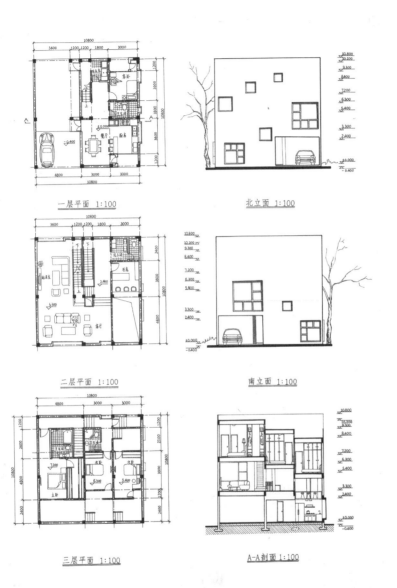

一层平面 1:100

北立面 1:100

二层平面 1:100

南立面 1:100

三层平面 1:100

A-A 剖面 1:100

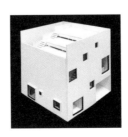

2019 秋 · 工作家

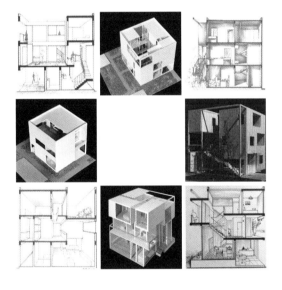

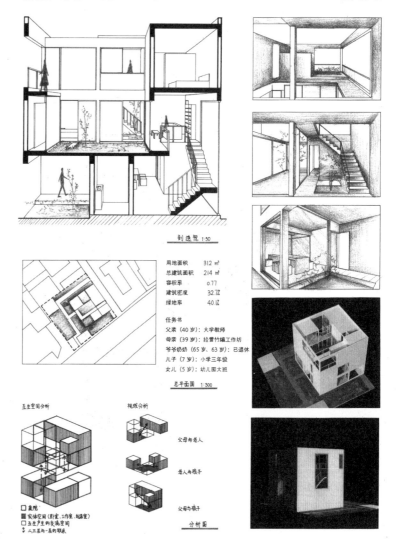

相望庭－庭院互生住宅

3180104489 金晨晰
指导 高 峻

剖透览 1:50

用地面积	312 ㎡
总建筑面积	214 ㎡
容积率	0.77
建筑密度	32.7%
绿地率	40%

任务书
父亲（40 岁）：大学教师
母亲（39 岁）：经营竹编工作坊
爷爷奶奶（65 岁、63 岁）：已退休
儿子（7 岁）：小学三年级
女儿（5 岁）：幼儿园大班

总平面图 1:300

互生空间分析

视线分析

父母与老人
老人与孩子
父母与孩子

分析图

□ 庭院
■ 实体空间（卧室、工作室、起居室）
□ 互生产生的交流空间
↑ 二三层与一层的联系

金晨晰 2018 级

作业点评

该作业通过中部内庭的设置将立方体空间划分为南、中、北三条，将工作与居住进行界定的同时保持视线和流线上的充分联系。在此基础上加入的小庭院延续了这种联系思想，并与中部大庭院一起形成整体通透、流动的"相望、互生"氛围。不足之处也在庭院数量较多又缺乏更有效的组织，影响了楼梯流线等的空间衔接效果。

一层平面 1:100

东南立面 1:100

二层平面 1:100

西南立面 1:100

三层平面 1:100

A-A剖面 1:100

033

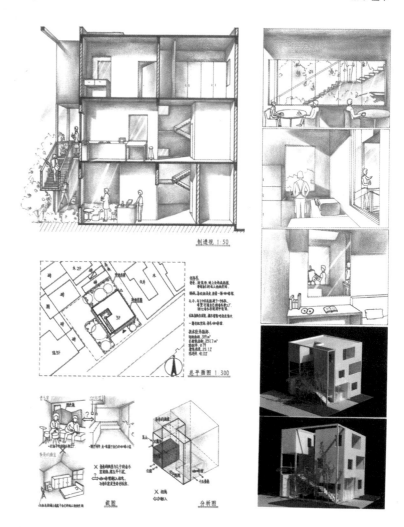

华颖 2018 级

作业点评

该作业针对成员设定中相离与融入并存的要求，在立方体面向小公园一侧设置庭院，起到了分隔和联系的作用。庭院中的室外楼梯以及与之相连的露台加强了这种作用，并将工作功能引向二层开放空间，打破了底层与上部空间的界线，给出了居住结合工作的有趣答案。不足之处在于庭院的设置过多考虑工作及其与居住的衔接，后者的趣味性较弱。

一层平面图 1:100

南立面 1:100

二层平面图 1:100

南立面 1:100

三层平面图 1:100

A-A剖面图 1:100

035

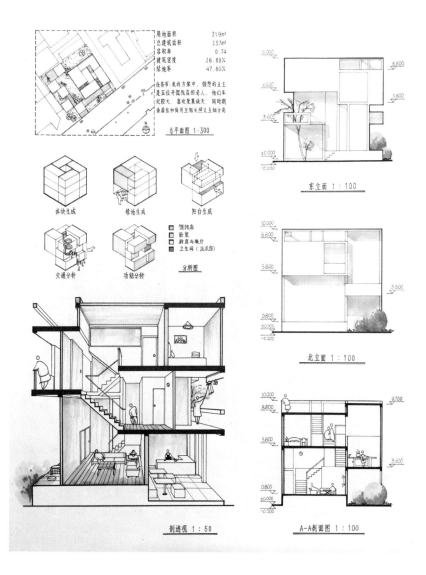

盒 - 立方体小住宅设计

3180104472 林依泉

用地面积 319 m²
总建筑面积 237 m²
容积率 0.74
建筑密度 26.89%
绿地率 47.80%

任务书：我的方案中，假想的业主是五位开馄饨店的老人，他们年纪较大，喜欢聚集谈天，同时期待居住和商用互相关照又互相分离。

总平面图 1：300

体块生成
绿地生成
阳台生成

交通分析
功能分析

□ 馄饨店
□ 卧室
□ 厨房与餐厅
□ 卫生间（洗衣房）

分析图

东立面 1：100

北立面 1：100

剖透视 1：50

A-A 剖面图 1：100

036

林依泉 2018 级

作业点评

该作业面对城市人口老龄化下的人居问题，探索老年人"报团取暖"的居住模式，做出具有一定特质而典型性的功能设定，并基于此围绕一系列特质空间展开深入设计。方案将卧室的错层布局与上述特质共享空间相结合，为并非一家人的五位老人提供了既能互相关照又各自独立的居住与工作场所。不足之处在于未能周全考虑错层布局给老年人带来的不便。

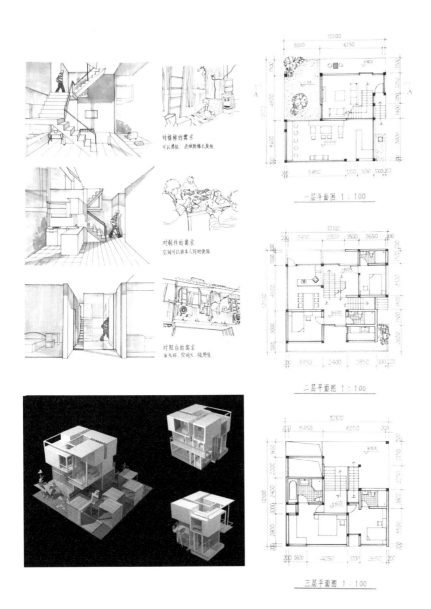

对楼梯的需求
可以攀枝，连续抱楼上阁楼

对制作的需求
空间可以供多人同时使用

对阳台的需求
采光好，空间大，视野性

一层平面图 1：100

二层平面图 1：100

三层平面图 1：100

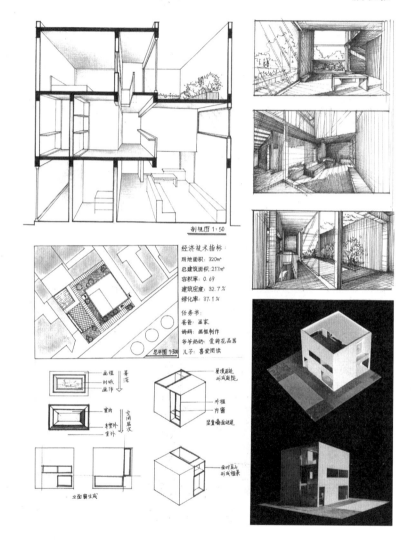

画中画－立方体小住宅设计

3180104512 洪辰
指导 汪均如

洪辰 2018 级

作业点评

该作业对功能的理解提升到了精神需求的高度，将观景—居住与观画—工作进行了建筑层面上的结合：室内—半室外—室外空间与画作—衬纸—画框形成了一一对应的关系，功能与空间的层次也随之展开，并最终呈现出内敛而有气韵的形式。不足之处在于过多关注室内外的转换衔接，而对内部空间的探索略显不够。

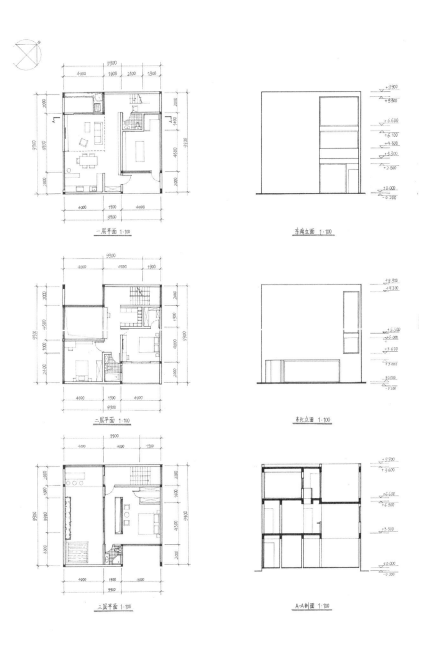

一层平面 1:100

东南立面 1:100

二层平面 1:100

东北立面 1:100

三层平面 1:100

A-A剖面 1:100

039

2020 秋 · 工作家

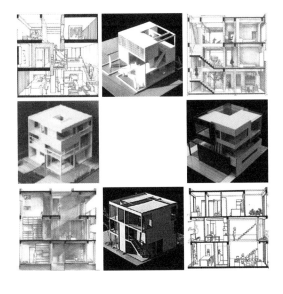

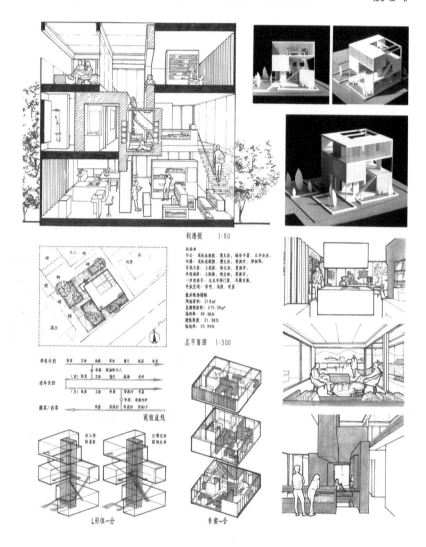

滕逢时 2019 级

作业点评

该作业对功能分区做了突破性的探索，工作部分不只围于住宅底层，而是通过合理的功能设定将其与居住做了更为紧密的结合，也同时解决了两个年龄段人群对慢生活与快生活需求的矛盾。方案将三个 L 形空间利用一个通高三层的书架进行竖向叠加和串联，在满足功能需求的同时也体现出对立方体空间特性的理解。书架的做法稍显生硬，有过度商业化之嫌。

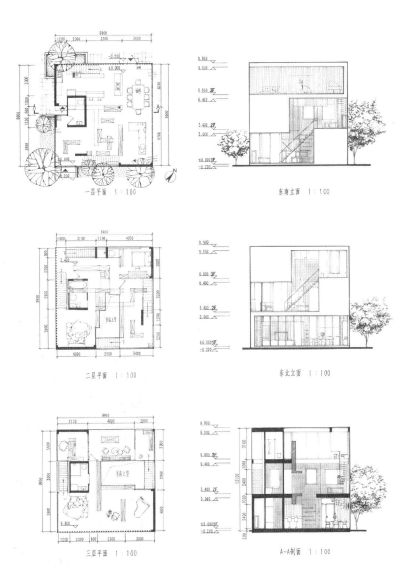

一层平面 1:100

东南立面 1:100

二层平面 1:100

东北立面 1:100

三层平面 1:100

A-A剖面 1:100

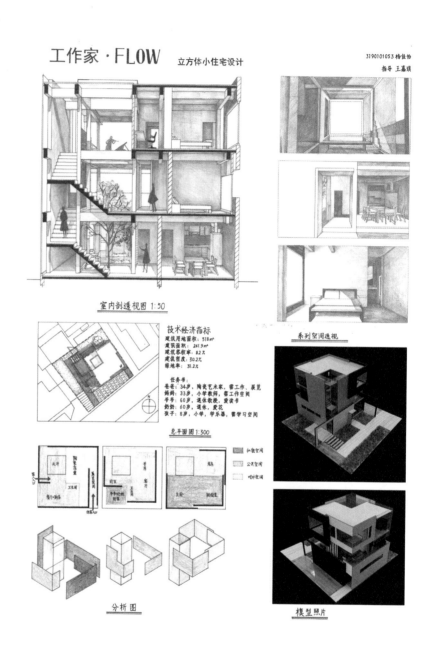

工作家·FLOW 立方体小住宅设计

3190101053 杨佳怡
指导 王嘉琪

室内剖透视图 1:50

系列空间透视

技术经济指标
建筑用地面积：518 m²
建筑面积：241.9 m²
建筑容积率：8.2 %
建筑密度：30.2 %
绿地率：31.2 %

任务书：
爸爸：34岁，陶瓷艺术家，需工作、展览
妈妈：33岁，小学教师，需工作空间
爷爷：60岁，退休教授，爱读书
奶奶：60岁，退休，爱花
孩子：8岁，小学，学乐器，需学习空间

总平面图 1:300

分析图

模型照片

杨佳怡 2019 级

作业点评

该作业进行了 L 形墙体界定居住空间的挑战。采用了分割、围合的基本形式，并结合功能设定进行了透明性的探索，营造出较强的生活氛围。图面表达有一定深度，特别是剖透视和系列小透视能够较好传递氛围感。将楼梯围绕天井的空间组合布置在立方体的四分之一角落，空间结构比较清晰，但对于 L 形墙体及透明性而言失去了流动优势。

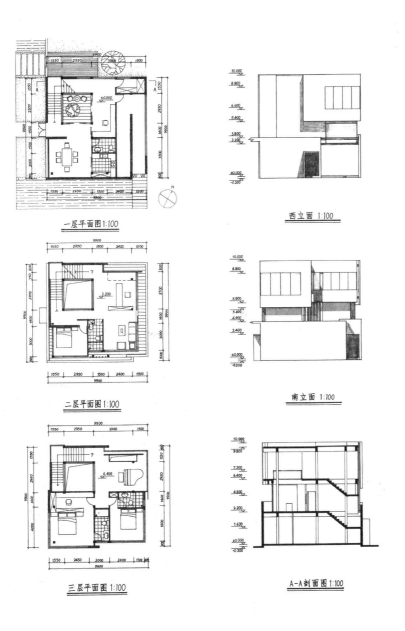

一层平面图 1:100

二层平面图 1:100

三层平面图 1:100

西立面 1:100

南立面 1:100

A-A剖面图 1:100

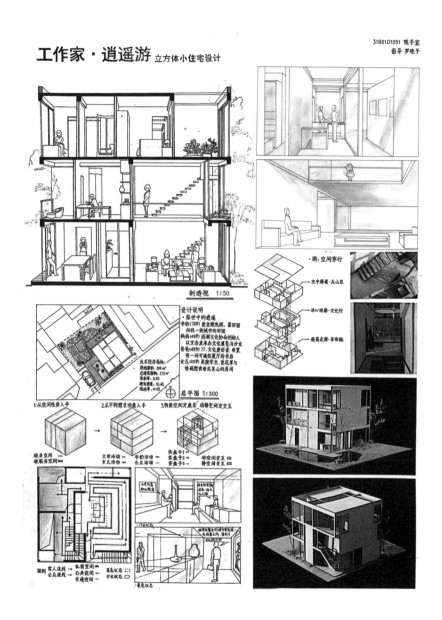

046

陈子宜 2019 级

作业点评

该作业根据设定将向往田园生活且好客的老人的卧室设置在底层，而承担文化展览与沙龙作用的多功能空间设置在二层，充分拓展了立方体住宅在高度方向上发展的可能性，活跃了居住氛围，也更好地利用了室外场地。柱网划分思路清晰，在保证提供不同尺寸空间的前提下，遵循了简单易操作的原则，但结构方面还是欠考虑，并未做到合理有效。

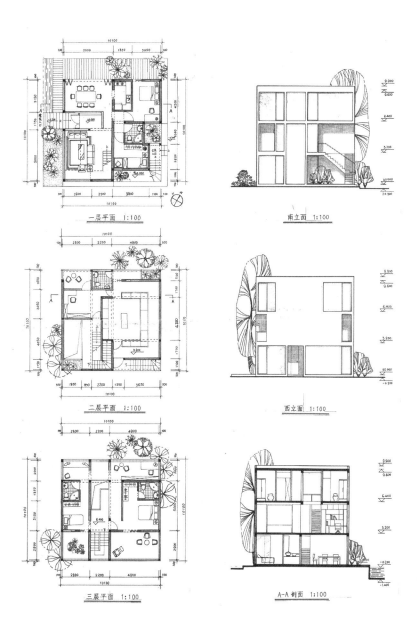

一层平面 1:100

南立面 1:100

二层平面 1:100

西立面 1:100

三层平面 1:100

A-A 剖面 1:100

047

工作家·立方体小住宅设计

3190101052 涂彤惠
指导　罗晓予

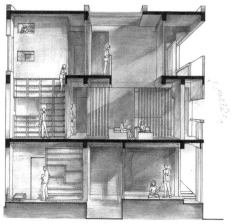

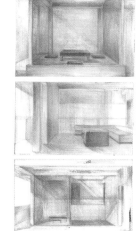

剖透视 1：50

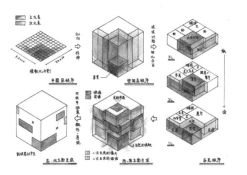

任务书：基地·白纸

父亲 44岁 业余艺术爱好者，做工作、展览象经营
母亲 43岁 园艺爱好者，需种植空间
儿子 20岁 大学生，喜爱龙片、电影赏
双胞胎兄妹 14岁 初中生，走读回来，需学习空间

建设用地面积　318㎡
建筑用地面积　260㎡
总建筑用地　260㎡
建筑密度　25.1%
绿地率　37.1%

总平面 1：300

系列室内透视

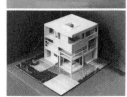

涂彤惠 2019 级

作业点评

该作业思路清晰，在明确功能设定后先定位特质空间，接着从平面秩序到空间秩序再到立面生成，达到了一定的设计深度。将水引入户内时并未造成居住生活的不适，处理较得当。分析图好看易懂，能够准确抽象并呈现设计思想和操作过程。对外的空间形态能够反映环境特征，并在文化意象呈现上做了较好的探索。系列室内透视的视角选择未能较好传递方案的空间信息。

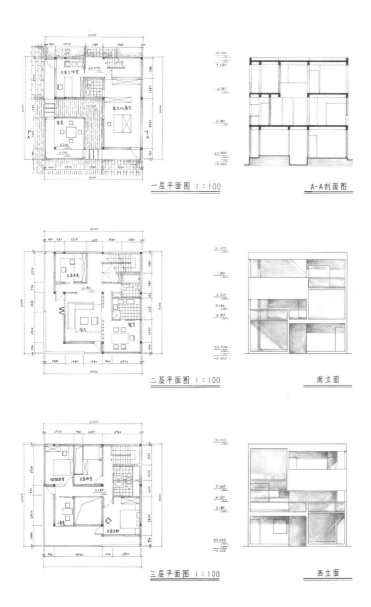

一层平面图 1:100

A-A剖面图

二层平面图 1:100

南立面

三层平面图 1:100

西立面

课题 II 跨商行
建构·空间与结构

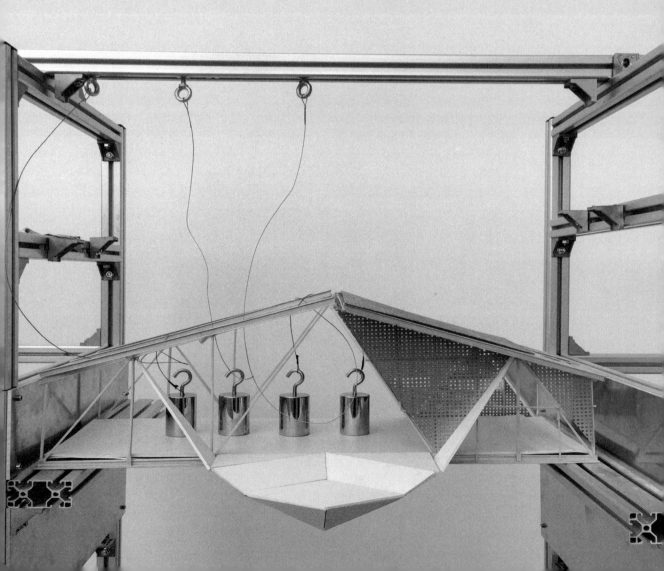

　　建筑的构造活动，是结构体系和建筑材料之间交互作用下不可回避
的产物。如何通过结构体系激发特定的空间类型？如何强化结构的表现
形式？如何将材料与既有环境更好地契合？如何实现真正落地的设计细
节？……这些在"空间与结构"切片训练中，成了需要重点关注的核心
问题。

课题概述

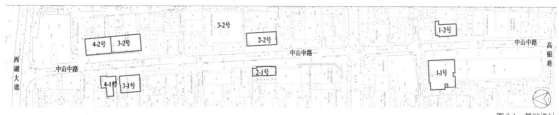

图 2-1　基地选址

教学任务

设计一栋城市植入体建筑，在探讨交通、商业功能的基础上，观察并操作结构、材料与建筑空间、形态的互动关系。

教学要点

设计训练切片

1. 建成环境的观察思考—文脉提取、材料构造与空间形态的关系
2. 给定选型下的结构设计—结构与文脉、结构与材料、结构与空间
3. 材料与表皮的构造表达—表达的"诚实性"、不同材料的构造层次

技能训练切片

1. 阅读—《建筑设计原理》（平行课）：文脉、构形、形构、表皮
2. 调研—建筑改造施工场地调研
3. 分析—模型分析、结构测试
4. 表达—计算机制图（立面专项）、墙身剖面、大比例模型（材料与构造）

设计内容

拟选一处用地，在对现状建筑进行功能定位分析后，植入一栋跨街建筑将其连接，提供交通复合功能（如画廊、潮店、轻食店、创意办公等），活化步行街。

设计要求

1. 建筑面积 170-200m²，除交通外的共享功能面积不小于 100m²

图 2-2　基地民国时期建筑风貌

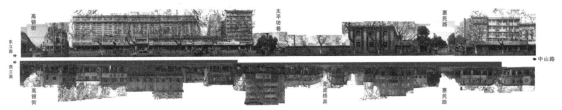

图 2-3　基地 2008 年建筑风貌

2. 植入建筑为单层，需连接两侧建筑的第三层（可选择斜线、折线或弧
　 线形平面）

3. 设置一部室外楼梯与步行街连通，此外不得再增加其他竖向支撑构件

4. 架空空间连续 15m 范围内净高应不小于 4m，需对其进行更新设计

5. 植入建筑采用钢结构，连接建筑的结构构件全部保留并提供植入建筑
　 的两端支撑，应巧妙处理变形缝

6. 观察步行街上的一栋建筑，提取形态特征作为建筑形态设计的依据（包
　 括广告牌、店招及空调室外机位）

7. 可选择保留连接建筑的立面或对其进行改造

基地概况

四处可选用地都位于杭州上城区中山中路步行街（高银巷至西湖大道段）
（图 2-1），现状建筑功能以商业为主（包括酒店、零售、办公等）。

中山中路历史沿革

中山路历史街区缘起于南宋时期。宋高宗定都杭州后，为了皇帝出宫祭祀，
在吴越国南北中轴主干道的基础上修筑了贯穿全杭城的"十里御街"[1]，
而御街的主要路段，就是现今的中山路历史街区。

经历了近 800 年的时代变迁后，杭州中山路历史街区现今保留着极富地
域特征的街巷空间布局与复杂的区位关系。临湖依山傍水的复杂自然环
境，使中山路在历史长流的发展过程中因地制宜地有机生长，基于南北
向"南宋御街"为主轴，向东西两侧发展次级街巷[2]，构成了主次分明、
布局紧凑的街巷肌理（图 2-2、图 2-3）。

1. (南宋) 潜说友. 咸淳临安志 [M]. 杭州:
浙江古籍出版社,2012.
2. 章易. 历史街区保护与有机更新探究
[D]. 福州大学,2015.

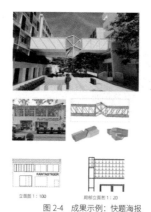
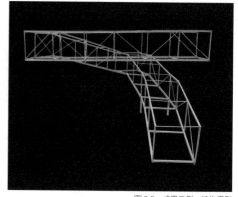

图 2-4　成果示例：快题海报

图 2-5　成果示例：结构模型

设计成果

快题海报

1. 图纸　A3 横版 1 张，电脑绘制并打印所选建筑现状沿街立面测绘图
2. 图纸　A3 横版 1 张，以照片拼贴的方式绘制结构意象图、材料意象图及街景意象图（图 2-4）

结构模型

过街廊结构模型　1：30　现状建筑用木板示意结构框架，新增过街廊用集成竹杆件为主制作，需通过极限荷载测试并做好记录和分析（图 2-5），用材规格要求如下：

集成竹杆件：规格 3X6mm/3X3mm/2X2mm/1X6mm ，单根长度不超过 300mm

集成竹片材：规格 0.5X1200X420mm

胶结材料：502 胶

最终成果

1. 图纸　A3 横版 4 张，电脑绘制打印，排版可在建议图基础上适当调整包含：照片意象（结构、材料）、结构设计与破坏性测试图、街景意向和透视图、设计说明、设计图纸（图 2-6）
2. 模型　构造模型（含墙身、屋顶及楼板）1：10，木板为主（图 2-7）
   注：构造模型可制作成局部覆盖表皮、局部暴露结构的形式（表皮覆盖长度不少于跨商行跨度的 1/3），覆盖表皮的部分需连续完整的表达屋面、立面和底面

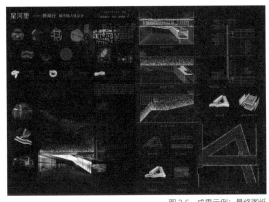
图 2-6　成果示例: 最终图纸

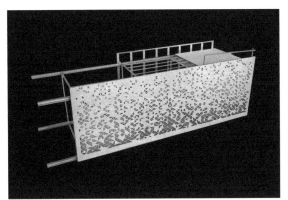
图 2-7　成果示例: 构造模型

设计进度（8 周）

周	任务	课堂讨论内容 1	课堂讨论内容 2
1	调研步行街后选定用地；测绘观察对象建筑沿街立面图（2~3 人一组完成），提取形态特征；搜集并讨论植入建筑的功能定位、形态意象	开题 现场调研及测绘	观察建筑立面测绘图、意象 PPT
2	制作两侧建筑框架模型（2~3 人一组完成），探讨结构与材料意象，绘制快题海报	结构及材料意象图、室内空间场景意象图	快题海报挂图
3	根据快题海报意象选择结构原型并明确平面形式（斜向、弧形、L 形），明确共享功能与交通的关系，探索交通复合空间的特征	结构框架草模 平面草图	平面草图（包括步行街局部平面图）
4	探讨植入建筑对步行街在空间形态上的影响，据此研究立面材料及其做法，以及结构形式的关系	立面草图 结构草模	1∶100 各层平面草图、1∶100 剖面草图
5	关注植入建筑与两侧建筑的连接处理，进一步探讨表皮的构造做法，结合结构设计完善构造草模	连接部分构造草模	剖面草图 墙身剖面草图
6	绘制总图、平立剖面图、剖透视及墙身剖面图，关注植入后的整体性	总图、平面图、立面图	纵剖面图、墙身剖面图、剖透视
7	绘制材料分析图，绘制街景透视渲染拼贴图，制作结构正模	街景透视图及材料构造分析图	结构正模
8	荷载测试并记录过程，根据测试结果绘制结构分析图，制作完整模型	中期挂图 8:00-12:00 加载测试	结构分析图 完整模型
9	提交正图、模型；分组答辩	挂图 8:00-12:00 答辩	

课题背景

图 2-8　98 世博会葡萄牙馆

1 普遍存在的问题：设计与技术脱节

在建筑设计的教学过程中我们常常发现，学生更注重建筑形态及表现，结构和材料问题或被无意识地忽视，或作为限制思维的因素被有意回避。

传统的建筑设计课程的形式是从低年级到高年级，每学期 2~3 个设计题目，先做功能简单的小型建筑，后做功能复杂的大中型建筑[3]，实质上更多地停留在方案设计阶段，达不到模拟实践的目的，学生在建筑设计课上很少接触或接触不到结构、材料，更谈不上设备等其他建筑因素[4]；而在建筑结构和建筑材料课程的教学过程中，课程老师通常是土木工程专业的教育背景，更注重结构的安全性与实用性、材料的物理化学特性，对于建筑的空间体验与结构之间的关系、建筑的形态美感与材料之间的关系很少涉及。

上述原因导致学生难以较快地对建筑设计的整体行为建立起清晰的概念，无法厘清结构创作背后的基本原理以及材料的肌理、色彩、组合等视觉特性与空间知觉的关系，更谈不上去探索结构对建筑创作的激发和策动，推敲材料对于建筑理念的深化和表达。

3. 徐卫国 . 清华三年级实验性建筑设计教学 [J]. 北京 : 建筑学报 ,2003(12):54-57.
4. 张永和 . 对建筑教育三个问题的思考 [J]. 上海 : 时代建筑 ,2001(S):40-42.

图 2-9 密尔沃基美术馆

图 2-10 世贸中心飞鸟车站

图 2-11 石头住宅

图 2-12 巴塞罗那世博馆

　　追溯先时优秀的设计案例不难发现，结构和材料从来都不是与形态和空间脱节的存在，而是空间意境与氛围营造不可或缺的元素（图 2-8）。西班牙建筑师卡拉特拉瓦常常毫不遮掩地将结构体作为建筑造型的主要元素，使结构的逻辑和张力成为建筑的重要形态特征（图 2-9、图 2-10）。赫尔佐格的石头住宅通过双层混凝土框架外挂石材来实现角部的解放，充分强化了石材的特点与表现力[5]（图 2-11）；再如巴塞罗那世博馆，则以丰富的材料种类来表达不同的板片要素[6]（图 2-12）。每一个经典的作品无不是结构、材料与建筑理念的高度统一。

　　从 2015 年开始，本教程已明确每一个设计训练突出解决一个或几个建筑设计的基本问题，考虑从"切片"的角度，使学生逐步掌握"人居、建构、场所"三大基本建筑要素。"结构和材料"是二年级建筑设计课程第二个作业的核心内容，怎样在课堂教学和实践训练中传达结构与建筑的互动精髓，把握适宜的结构训练尺度，更好地体现结构概念对于建筑设计的良性策动，体现材料构造对于建筑细节落地的重要性，是我们需要思考的问题。

5. 周凌. 材料的显现——研究生设计教学中的材料训练课 [J]. 新建筑,2008(01):134-139.
6. 顾大庆，柏庭卫. 空间、建构与设计 [M]. 中国建筑工业出版社，2020.05.

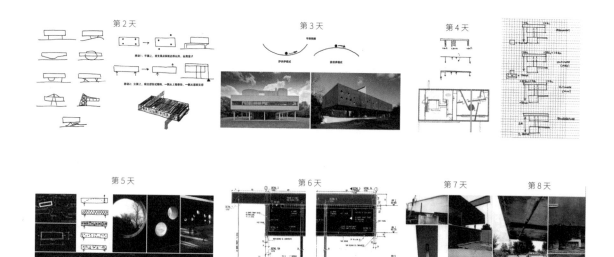

第2天　　　　　　　第3天　　　　　　　第4天

第5天　　　　　　　　第6天　　　　　　　第7天　　第8天

图 2-14　波尔多住宅设计日志

图 2-13　建筑设计原理课平行讲解

2 针对问题的专题讲座：建筑与结构

《建筑设计原理》课之"建筑形态与结构技术"专题讲座是专门针对建筑学本科二年级"结构和材料"设计课题设置的，通过对建筑形态与结构技术的同步讲解，旨在帮助学生树立正确的建筑结构观，鼓励和激发学生在力学原理下创新探索建筑形式。

专题由《构形》和《形构》两部分组成，共四次课，由建筑专业和结构专业的两位老师全程实行平行讲解（图 2-13），通过多维解读建筑案例上演了一场又一场建筑师和结构师的"合作与纷争"。

《构形》部分在介绍 20 位 20 世纪的"明星"结构师的基础上，进一步分别重点解读了塞西尔·巴尔蒙德、约格·康策特、圣地亚哥·卡拉特拉瓦三位结构师主创或参与设计的建筑案例。例如，在讲解波尔多住宅时采用了日志的形式（图 2-14），细致地展现建筑师库哈斯和结构师巴

图 2-15 特洛维哈休闲公园

尔蒙德的"角力"过程,使同学们对方案推进过程中建筑和结构的互动关系有了更深刻的认识。《形构》部分从拼合词 ARCHI-NEERING 出发,引出建筑师的技术理性与结构师的艺术敏感,指出协作模式下两者互相融合导致的角色多元和界线模糊,鼓励同学们在设计过程中应转换角度进行思考。在此基础上,两位教师以日本当代建筑为分析对象,分别解读了复杂化、结构化、视屏化、抽象化、意义化五种形态倾向的要求如何促成结构演化、适应、创新,并最终实现预设的建筑形态(图 2-15)。

3 针对问题的实践训练:"结构与材料"教案的发展

为了更好地针对问题展开实践训练,二年级"基本建筑"系列课程第二个教案——"结构与材料切片训练",近五年来经历了一个多向试验和适应性优化的过程。

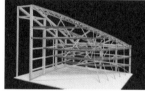
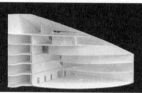

图 2-16　建筑实验厅改造设计

1）结构的体验、认识和重构

试验的第一个教案选取了本校建筑系馆西北侧的单层通高实验大厅作为设计对象，该大厅由南低北高的斜屋面覆盖（带采光天窗），覆盖面积约 600m²，内部包含一个向西北侧突出室外（最远 9m）的球形厅，通高大厅主体为钢筋混凝土框架结构，其中球形厅为弧形钢框架结构。设计中要求拆除球形厅并设计一处 300m² 以上的通高无柱空间用来做搭建实验及其展示，同时通过加层的方式增设建筑实验其他相关功能空间。要求学生合理选择结构形式，并充分考虑因此形成的空间形态对建筑内外产生的影响。

教学案例：建筑实验厅改造设计，2018 年冬（图 2-16）

该教案的初衷是为了通过对身边较熟悉的建成环境的体验和分析增强学生对结构的认知和理解，在深入了解建成环境结构状况的基础上，选择合理的结构形式，发现并展示结构与建筑空间形态的相互关系。但是在教学过程中发现，由于局部改造设计本身就涉及新旧功能的衔接、流线的组织、新老结构的交接等问题，同时选取的改造对象是一个有斜屋面、球型厅、弧形墙的异形空间，过于复杂的先置条件使得二年级学生较难集中精力深入思考和推敲结构的逻辑和细节；加上对于结构原型的限定较弱，设计作业中出现了较多的非常规结构，对于基本结构逻辑尚未厘清的二年级学生而言，无法很好地达到切片训练的目的。

图 2-17 过街廊设计

2）强化设计核心"结构"，引入"材料构造"元素

为更好地突出"结构"这一课题核心，在第二个教案设计中，考虑从功能复杂的建筑类型转向功能尽量简单的或某一通用功能的建筑设计题目，让学生有足够的时间去思考核心问题。该次设计训练提供了杭州中山中路上的5对沿街现状建筑，学生可任选其中之一，测绘其沿中山中路的立面；增加过街廊将其连成一体；同时改造这对建筑的沿街立面后作创意办公用。该过街廊要求采用钢结构，需连接两栋楼指定的开口（可选择斜线、折线或弧线形平面形式），过街廊净宽不小于3m，净高不小于2.4m。

教学案例：过街廊设计，2019年冬（图2-17、图2-18）

该教案与上一个教案形成了明显的对比：大幅度简化了设计的功能、流线等问题，削弱了基地现状建筑的结构影响，通过设计一条过街廊及改造相连建筑的沿街立面，让学生专注于大跨结构问题；同时引入了材料主题，探讨材料与结构表达的"诚实性"，要求明确不同材料之间相互连接的构造层次，使学生专注于结构、材料与建筑空间、形态的互动关系。

另外，由于设计问题太过简单，有部分同学在结构选型上用力过猛，选择了一些并不是那么适合结构零基础的低年级同学的非常规结构类型，对于厘清结构原理的帮助不大，有点偏离选题的初衷。

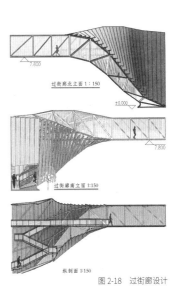

图 2-18 过街廊设计

图 2-19　中山中路步行街场地概况

图 2-20　兴业银行旧址

图 2-21　恒大协颜料行旧址

图 2-22　凤凰寺

3）增加文脉、功能、流线等限定要素

上一个教案强化了核心主题"结构"，但是建筑设计是一个处理综合复杂问题的行为，功能和流线问题的过于简单化，反而弱化了学生对结构和材料在建筑设计过程中与其他要素之间关系的思考。切片训练不应该是孤立于建筑其他要素的某一技能的单独训练，而是在建筑这一复杂问题中某一技能的强化训练，因此，接下来的教案中考虑增加功能、文脉等方面的限定，将设计还原为一个处理综合复杂问题的行为。

设计选址所在地中山中路步行街是一个历史文化街区（图 2-19），2008 年的更新改造，将区域内保存较好、价值较高的百年老字号名店作为节点，力图保留原生态的栖居情态、历史遗存和传统商业形成的生动的地方历史生活场景。但是由于种种因素，中山中路步行街的人气凝聚和生息活力与附近的河坊街、高银街相比依然差强人意。本设计要求基于初期调研，以活化步行街、进一步提升街区的商业氛围和人气活力为目标，进一步完善任务书，对植入体的复合功能进行定位和设计。

同时，建筑除了在物质上满足多种社会功能要求外，还通过其形象提供一种文化信息[7]。设计选址所在的中山中路是一个建筑风格、建造年代混杂的街区，有清末民初期间建造的传统江南民居，也有中华人民共和国成立后逐步拆除破旧民居而修建的多层建筑，还有受"西风渐进"时期思潮影响而修建的西式或中西融合的建筑（图 2-20~ 图 2-22），反映了多种文化的交融。如何置入新的建筑物（构筑物），与原有建筑环境产生呼应和对话，既能体现整体和谐又能突显个体特征，也是在本设计中拟解决的复杂问题之一。

图 2-23 跨商行 效果图

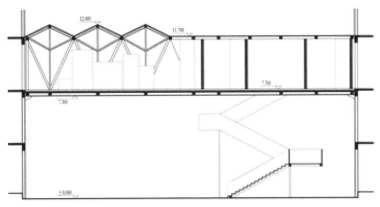

图 2-24 跨商行—城市植入体设计 剖面图

教学案例：跨商行—城市植入体设计，2020 年（图 2-23、图 2-24）

　　该教案在保持上一个设计对结构和材料训练的基础上，给定了同学们结构选型的范围，避免了低年级学生在结构选型上走偏。此外，要求在对中山中路步行街现状建筑进行功能定位分析后，提供交通复合功能定位（如画廊、潮店、轻食店、创意办公等），同时设置一部室外楼梯与步行街连通，活化步行街。在形态设计上，要求观察步行街上的一栋建筑，提取形态特征作为建筑形态设计的依据。这次的设计训练基本实现了在同一空间，也会有不同功能、不同流线、不同材料、不同造型等可能性，真正回到建筑设计的本质培训[8]。

7. 张钦楠.为"文脉热"一辩 [J].建筑学报,1989(06):28-29.
8. 叶静贤,钱晨,坂本一成,奥山信一,柳亦春,郭屹民,张准,王方戟,葛明,汪大绥,李兴钢,王骏阳.理论·实践·教育：结构建筑学十人谈 [J].建筑学报,2017(04):1-11.

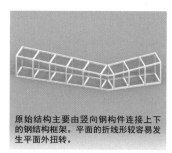

原始结构主要由竖向钢构件连接上下的钢结构框架。平面的折线形较容易发生平面外扭转。

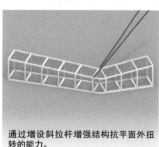

通过增设斜拉杆增强结构抗平面外扭转的能力。

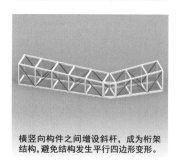

横竖向构件之间增设斜杆，成为桁架结构，避免结构发生平行四边形变形。

为了室内空间通透性以及采光通风需求，在原桁架结构上取消部分斜杆，形成部分空腹桁架。

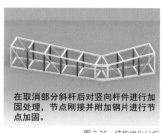

在取消部分斜杆后对竖向杆件进行加固处理，节点刚接并附加钢片进行节点加固。

图 2-25　结构优化分析

4 训练过程的控制和引导：操作"与"观察

1）成果控制——关键节点的设置

常规的课程设计只在一个课题结束的时候有相应成果要求，而单个课题的持续时间通常在 8 周左右，学生在前期操作中有时会忽视或回避一些结构问题。本课程考虑将课题分解成几个关键节点，每个节点都有操作与观察互动的任务，让学生从意识到理解再到设计，一步一步介入结构的训练。

课程的初期设置了概念海报作业，要求学生在第一周根据结构原型，结合建筑和场地现状，进行快速的概念海报设计。结构教师会对每张海报进行逐个点评，与学生一起观察分析概念与结构结合的可行性，探讨结构原型的优化发展方向。此环节强调了概念先行、结构实现的课程主线。课程的中期要求学生通过反复制作手工模型的方式开展结构的优化推敲，并在第四到第五周进行现场实验加载。加载过程中，结构教师会有意识地引导学生观察模型的破坏过程，寻找结构薄弱点，引导学生进行优化设计，同时绘制加载实验的结构破坏分析图（图 2-25）。此环节将主观体验与抽象理论联系起来，使学生能从不同维度较深入地理解结构，提高形态敏感度。

课程的终期要求制作墙身模型，基于前期的结构概念，首先进行过街廊的材料选用及立面设计，然后通过墙身模型的制作，分析立面材料与结构的连接方式，知识点从结构向建构延伸。

2）过程引导——操作手段的优化

本课程配合关键节点，设置了多样化的操作手段，从多个维度帮助学生进行体验和感受，激发他们的兴趣，配合有意识的主动观察和教师的针对性引导，使同学们透过表象看到更为深层次的结构体系和建构逻辑等因素。

（1）PPT 制作。通过 PPT 的方式对收集的案例资料进行解读和阐述，寻找结构原型。这一过程着重训练学生对于案例资料的分析能力和案例解读的逻辑组织能力，引导学生形成具有逻辑性的理性分析习惯。

（2）海报制作。在案例收集解读的基础上，要求学生通过场景的想象和拼贴，进行初步的概念设计，制作概念海报。这一过程是学生设计

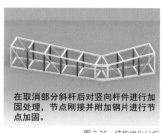

064

前的过渡环节，帮助学生建立空间感和尺度感，以可视化的方式直观地形成对即将进行的设计环境和设计目标的进一步理解。

（3）结构模型制作与试错。这一阶段进入实质性的结构设计环节，在这一阶段课程会要求学生结合设计概念，反复进行手工结构模型制作—实验加载—优化设计这一系列操作，结构教师在实验过程中注意引导学生观察形变和破坏与结构设计之间的关系。

（4）受力分析图绘制。极限测试操作后，学生会在结构教师的帮助下进行相应的受力分析图绘制，帮助学生从理论的角度抽象理解不同结构体系下的受力关系和结构合理性。

（5）墙身模型制作。在形式和结构体系确定后，设计课程要求学生开展 1∶10 墙身细部的设计（图 2-26）和模型的制作，进一步理解结构体系和建构体系之间的差异性和关联性，同时帮助学生在这一课程训练中将设计进一步细化。

终稿场景进行渲染，通过设计终稿和概念海报的对比，加深结构对建筑设计策动作用的理解。

3）评价控制——观察手段的优化

评价控制会在一定程度上影响学生的观察和思考维度，通过评价控制引导学生认识到结构是建筑的重要因素，这对于拓宽其观察视野是直接而有效的。同时，强调结构对于整个建筑学的重要性，并不等于结构就是建筑学的全部[9]，控制结构评价的介入程度非常重要。

本课程将评价分为结构和建筑两部分，分别置于两个互动节点中，结构评价是在中期的极限测试阶段，建筑评价是在最终的整体呈现阶段。结构测试 15 分，满足结构模型自重小于 200g 承重大于 4kg 即可得分；结构概念 5 分，结构教师在极限测试时进行主观评价（参考模型自重）；结构分析 5 分，结构教师根据正图的结构分析图纸评价。剩余 75 分由建筑设计指导老师从建筑角度评定，主要从形态、空间、构造及其与结构的关系等方面打分。课程考虑通过结构评价的适度介入，更好地把握结构的训练尺度，既能让学生理解结构对建筑的策动作用，又不脱离建筑设计的本质。

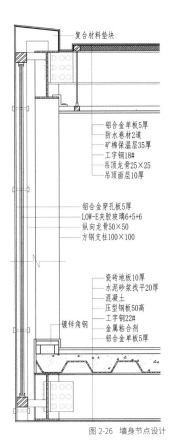

图 2-26　墙身节点设计

复合材料垫块
铝合金单板5厚
防水卷材2道
矿棉保温层35厚
工字钢18#
吊顶龙骨25×25
吊顶面层10厚

铝合金穿孔板5厚
LOW-E夹胶玻璃6+5+6
纵向龙骨50×50
方钢支柱100×100

瓷砖地板10厚
水泥砂浆找平20厚
混凝土
压型钢板50高
工字钢22#
金属粘合剂
铝合金单板5厚

镀锌角钢

9. 叶静贤,钱晨,坂本一成,奥山信一,柳亦春,郭屹民,张准,王方戟,葛明,汪大绥,李兴钢,王骏阳.理论·实践·教育:结构建筑学十人谈 [J].建筑学报,2017(04):1-11.

切片详解

意象街景透视

图 2-27 概念海报

训练阶段 1：叠合真实场景的意向表达

根据对现状建筑和场地的观察，结合结构原型进行快速概念设计，以海报形式进行表达（图 2-27）。要求以照片拼贴的方式绘制跨商行街景意象图，并绘制观察建筑的立面测绘图。结构教师对每张海报进行逐个点评，与学生一起观察分析概念与结构结合的可行性，探讨结构原型的优化发展方向；建筑教师对跨商行的设计概念和意向提取元素进行分析和探讨。

场景意向图（无比例要求）
观察建筑立面测绘图（1：200、1：20 各一张）

设计训练切片
建成环境的观察思考（文脉提取、材料构造与空间形态的关系）

技能训练切片
阅读：《建筑设计原理》（平行课）—文脉、构形、形构、表皮
调研：建筑改造施工场地调研

图 2-28 结构测试

训练阶段 2：结构设计与测试

选择结构原型，确定平面形式，明确共享功能与交通的关系，探索交通复合空间的特征，同时要求学生制作过街廊的结构手工模型，并进行试验加载（图 2-28）。结构模型用集成竹材为主制作，在结构教师引导下观察破坏过程，寻找结构薄弱点，进行优化设计，同时绘制加载试验的结构破坏分析图 。

结构模型 (1：30)
总平面图（1：1000）
平面图、立面图、纵剖面图（1：100）

设计训练切片
给定选型下的结构设计（结构与文脉、结构与材料、结构与空间）

技能训练切片
分析：模型分析、结构测试

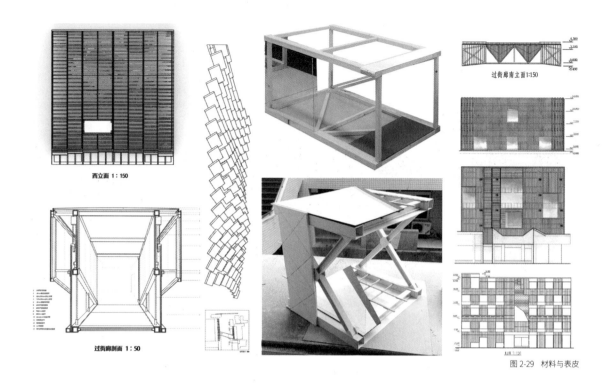

西立面 1：150

过街廊剖面 1：50

过街廊南立面 1:150

图 2-29　材料与表皮

训练阶段 3：材料与表皮的构造设计

根据结构测试结果，调整和深化设计，关注植入建筑与两侧建筑的连接处理，研究立面材料及其做法以及结构形式的关系，然后通过墙身模型的制作，分析立面材料与结构的连接方式（图 2-29），知识点从结构向建构延伸。

结构破坏分析草图（无比例要求）
墙身大样模型（1：10）

设计训练切片
材料与表皮的构造表达（表达的"诚实性"、不同材料的构造层次）

技能训练切片
表达：大比例模型（材料与构造）

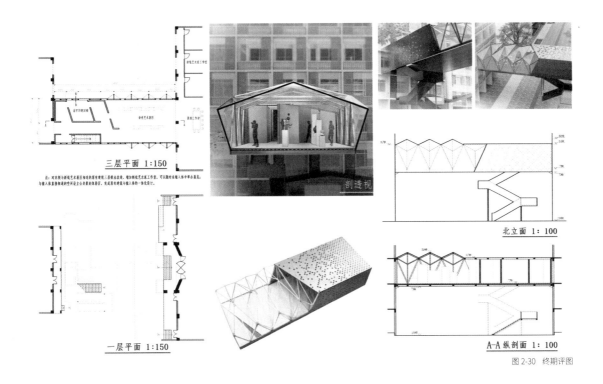

三层平面 1:150

注：对原图与新视艺术通过楼梯联系增加三层的改造设计，增加新视艺术工作室，可以随时自输入休中单立展览厅，与输入体直接连通的空间另设立公共展览游厅，完成原有建筑与输入体的一体化设计。

一层平面 1:150

剖透视

北立面 1:100

A-A 纵剖面 1:100

图 2-30 终期评图

训练阶段 4：终期评图

将最终的过街廊设计的成稿图纸和前期的过程成果一起进行整体呈现，通过海报拼贴场景与最终渲染场景表达的对比，以及中间每个节点过程的回顾，反思和总结整个训练过程，加深结构对建筑设计策动作用的理解（图 2-30）。

街景透视效果图（无比例要求）
剖透视图（1:50）需同时表现室内外空间
总平面图（1:1000）
平面图、立面图、纵剖面图（1:100）
墙身大样（1:10）
观察建筑立面图（1:200、1:20 各一张）
分析图（受力分析图、测试破坏分析图等）
植入建筑完整效果模型（1:30）

技能训练切片
表达：计算机制图（立面专项）、墙身剖面、大比例模型（材料与构造）

作业示例

2018 冬·试验厅

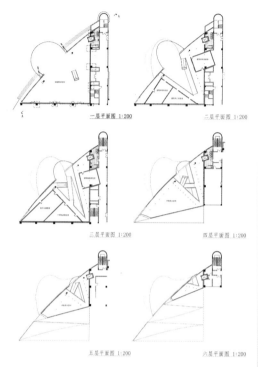

一层平面图 1:200

二层平面图 1:200

三层平面图 1:200

四层平面图 1:200

五层平面图 1:200

六层平面图 1:200

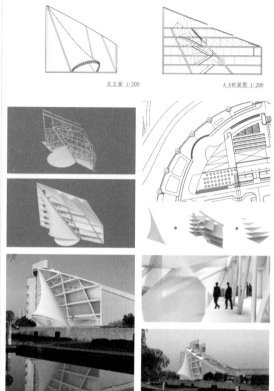

北立面 1:200

A-A剖面图 1:200

072

罗洋 2017 级

作业点评

该作业从原有建筑的设计语言中提取造型元素，打破原有建筑较为平实的空间模式的同时能与原有建筑较好地融合；建议在结构的逻辑和细节性上做进一步的推敲。

月牙楼试验厅改造

指导老师：罗晓予 王晖
设计：王晨燕
学号：3170104360

莫比乌斯环式环形动态展厅设计
运用自由曲线使展厅更富空间体验感和个体表现力
运用双结构体系良好的结新旧融合
结构、气候界面和环境融合度相互促进渐曲线的定位和落实

总平面图 1：500

一层平面图 1：200

二层平面图 1：200

三层平面图 1：200

四层平面图 1：200

北立面图 1：200

A-A剖面图 1：200

作业点评

该作业通过螺旋形坡道的形式重新组织了空间和流线，并能较好地与使用功能相结合，弧形的连续坡道造型与现有月牙楼边界吻合，结构体系也具有一定的创新性，但在制图的深度和精度上有一定欠缺。

王晨燕 2017 级

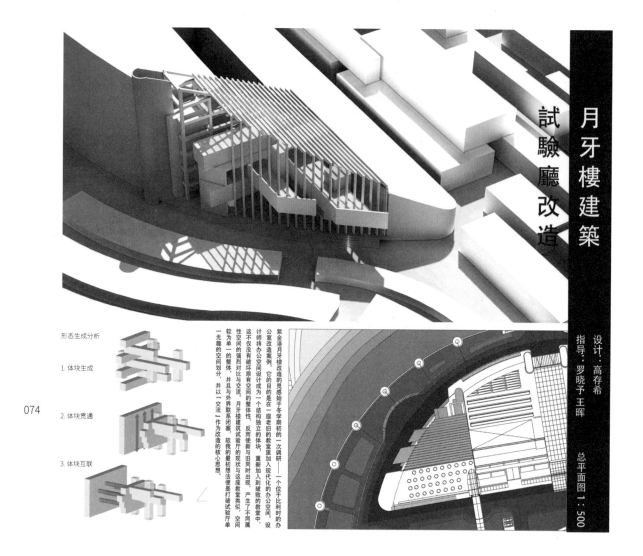

月牙樓建築

試驗廳改造

设计：高存希

指导：罗晓予 王晖

总平面图 1：500

形态生成分析

1. 体块生成

2. 体块贯通

3. 体块互联

紫金港月牙楼改造的灵感始于冬学期初的一次调研——一位于比利时的办公室改造案例，它的目的是在一座老旧的教室里加入现代化的办公空间。设计师将办公空间设计成为一个结构独立的体块，重新加入到破败的教室中，反而使新与旧同时出现，产生了不同属性空间的强烈对比与交流。月牙楼建筑试验厅的现状与这座教室类似，空间较为单一的整体，并且与外界联系闭塞，故我们的最初设想便是打破试验厅单一无趣的空间划分，并以「交流」作为改造的核心思想。

高存希 2017级

作业点评

该作业通过纵横体量的穿插形成别具一格的空间体验，结构逻辑较为清晰，对体块边界的界面处理也使新建的部分与原建筑形态较好地融合。内部空间层次丰富，搭建展示和评图空间在不同标高上的交互设计较好地实现了设计者所希望的"交流"初衷，但在立面处理上还需要进一步细化和推敲。

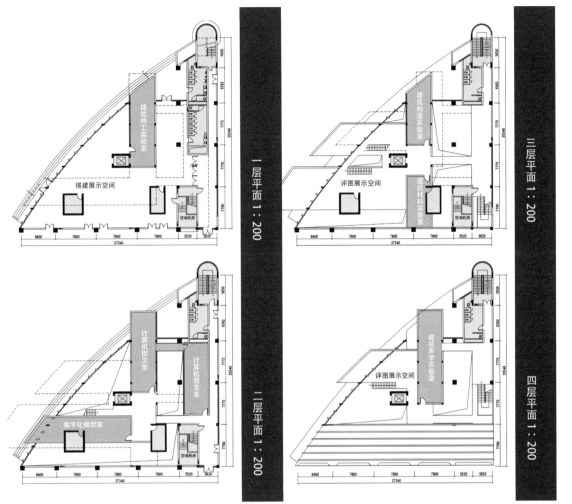

一层平面 1：200

三层平面 1：200

二层平面 1：200

四层平面 1：200

建筑热工实验室

搭建展示空间

空调机房

建筑构造实验室

评图展示空间

建筑材料实验室

空调机房

计算机图文室

计算机图文室

数字化模型室

空调机房

建筑声学实验室

评图展示空间

2019 冬・过街廊

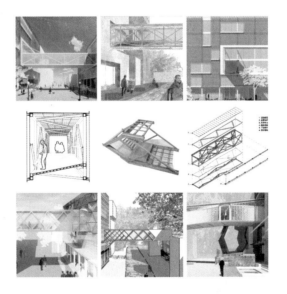

蜂窝-过街廊设计

3180104807 吴浩麒
指导老师　宣建华

078

吴浩麒 2018 级

教师点评

该作业以六边形蜂窝为形式母题，创造了不同标高的多层次的过街桥流线，并
将这一形式语言延续到立面造型与结构设计中，对传统桁架进行了差异化设计
与精细化处理，将视觉要素和结构逻辑相统一，建议在保留通行趣味性的同时
对流线的便捷性予以更深入的思考。

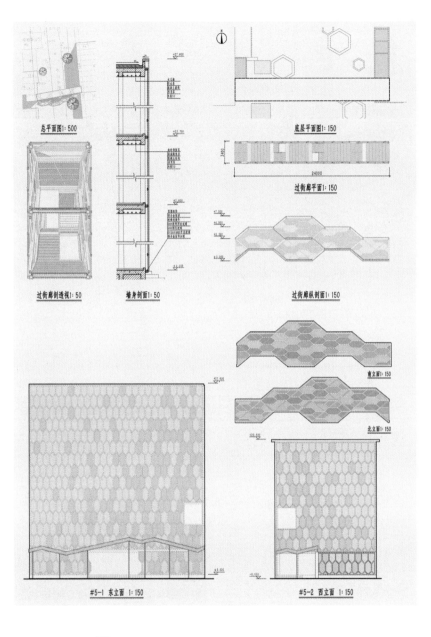

总平面图1:500

过街廊剖透视1:50

墙身剖面1:50

底层平面图1:150

过街廊平面1:150

过街廊纵剖面1:150

南立面1:150

北立面1:150

#5-1 东立面 1:150

#5-2 西立面 1:150

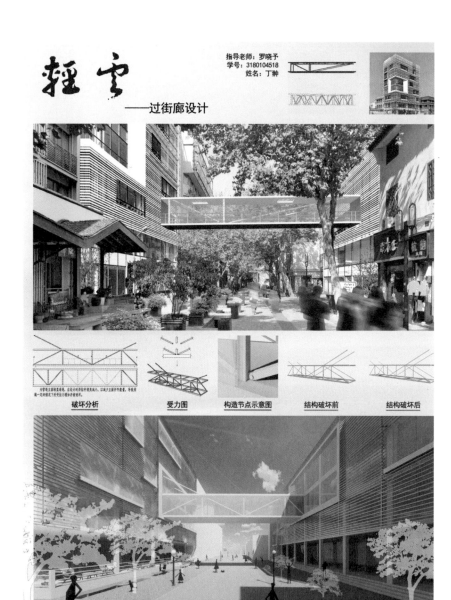

轻雪

——过街廊设计

指导老师：罗晓予
学号：3180104518
姓名：丁翀

破坏分析　　　　受力图　　　构造节点示意图　　　结构破坏前　　　结构破坏后

丁翀 2018 级

作业点评

该作业过街廊桥设计结构轻盈，通过斜拉杆的加入，减少了立面桁架腹杆的数量，立面处理语言统一，完成效果简洁现代，具有很强的可实施性，建议针对过街人群的行为方式进行更细致的分析，对平面空间的趣味性予以深入思考。

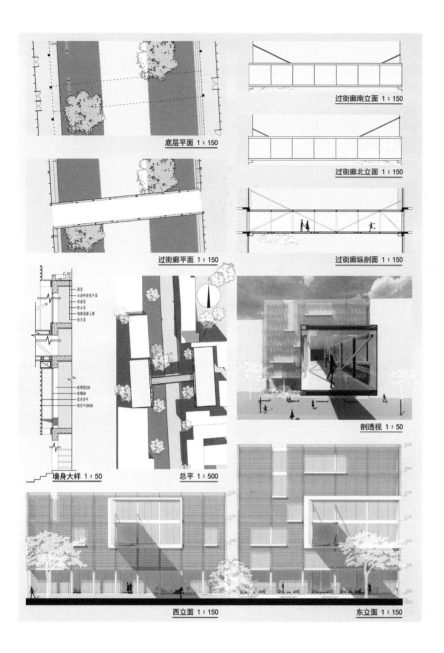

底层平面 1：150

过街廊南立面 1：150

过街廊北立面 1：150

过街廊平面 1：150

过街廊纵剖面 1：150

墙身大样 1：50

总平 1：500

剖透视 1：50

西立面 1：150

东立面 1：150

三折廊——立面改造及过街廊设计

原始结构主要由竖向钢构件连接上下的钢结构框架，平面的折线形较容易发生平面外偏转。

通过增设斜拉杆增强结构抗平面外扭转的能力。

横竖向构件之间增设斜杆，成为桁架结构，避免结构发生平行四边形变形。

为了室内空间通透性以及采光通风需求，在桁架结构上取消部分斜杆，形成部分空腹桁架。

在取消部分斜杆后对竖向杆件进行加固处理，节点刚接并附加钢片进行节点加固。

南宋御街是杭州城市局部更新的代表。

2008年王澍提出"新旧夹杂、和而不同"的城市复兴概念，以杭州"山水城市"的意象重塑御街风貌。十年后，御街再改造，王澍老师的小品建筑"太湖石"点缀路旁，意趣别致。

课程设计要求改造沿街立面并架设连廊。为了尊重原有建筑，过街廊在平面上采取了折线的造型绕开"太湖石"，此为一折。立面构成也形成一条折线，从两侧建筑进入廊时屋顶逐渐降低，引导人向中间走去，此为二折。廊的外表皮由角度渐转的百叶构成，从两边走入时光线由暗至亮，折到廊中间的落地玻璃时豁然开朗，此为三折。

三折廊由此得名。

视线从封闭到开阔

折光产生墙面阴影渐变

混凝土砌块

"太湖石"青砖铺砌

利用钢杆插接固定

洪辰 2018级

作业点评

该作业较好地处理了过街廊和周边已有构筑物的关系，通过增设斜拉杆解决了折线型桁架"平面外受扭"的问题，并根据建筑形式的需求设计局部没有斜杆的非常见的空腹桁架，结构设计与建筑形式有较好的结合，体现了结构对于建筑设计的良性策动，其对廊内空间光影的思考也值得鼓励。

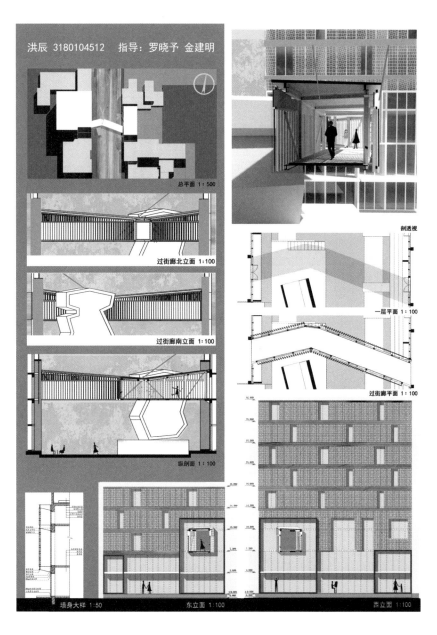

洪辰 3180104512　指导：罗晓予 金建明

总平面 1:500

过街廊北立面 1:100

过街廊南立面 1:100

纵剖面 1:100

剖透视

一层平面 1:100

过街廊平面 1:100

墙身大样 1:50

东立面 1:100

西立面 1:100

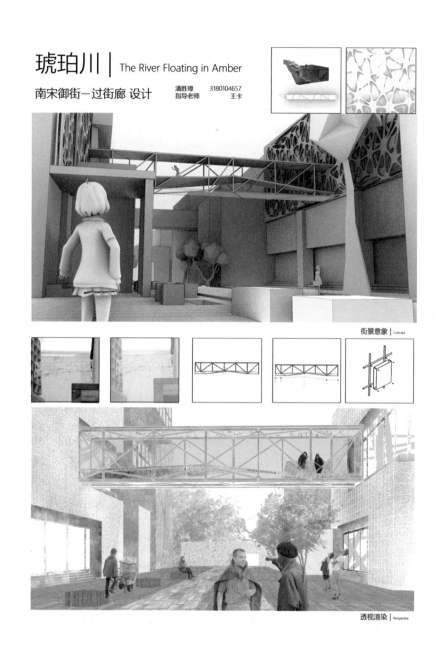

琥珀川 | The River Floating in Amber

南宋御街－过街廊 设计

潘胜璋　　　3180104657
指导老师　　　王卡

街景意象 | Concept

透视渲染 | Perspective

潘胜璋 2018 级

作业点评

该作业尝试了参数化设计方法，同时运用于过街廊自身的形态生成和其连接两栋建筑沿街立面的改造设计（后者未能成功实施）。方案强调了过街廊两端标高的不同，结合受力计算确定高程点和楼板宽度的变化，因此形成的空间斜面将廊体切割成上下两个互相映射的部分，带来了行走和连接的趣味性。构造设计通过斜面与结构构件的尽量分离，进一步强调了它作为镜面和切面的映射感。

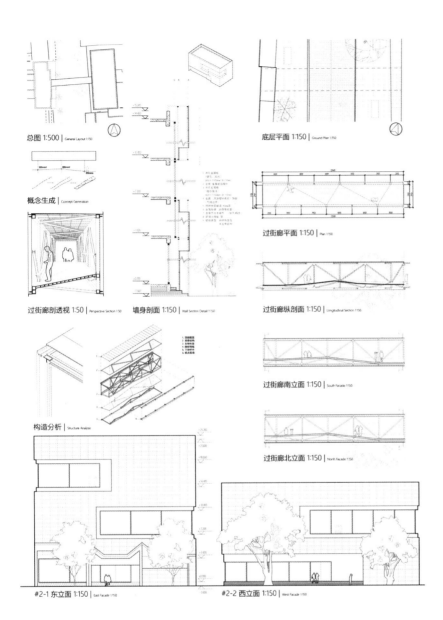

总图 1:500 | General Layout 1:50

概念生成 | Concept Generation

过街廊剖视 1:50 | Perspective Section 1:50

墙身剖面 1:150 | Wall Section Detail 1:150

构造分析 | Structure Analysis

底层平面 1:150 | Ground Plan 1:50

过街廊平面 1:150 | Plan 1:50

过街廊纵剖面 1:150 | Longitudinal Section 1:150

过街廊南立面 1:150 | South Facade 1:150

过街廊北立面 1:150 | North Facade 1:150

#2-1 东立面 1:150 | East Facade 1:150

#2-2 西立面 1:150 | West Facade 1:150

2020 冬 · 跨商行

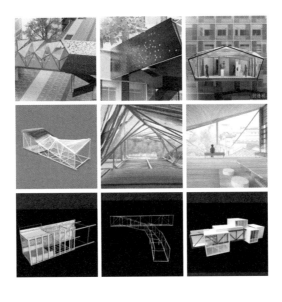

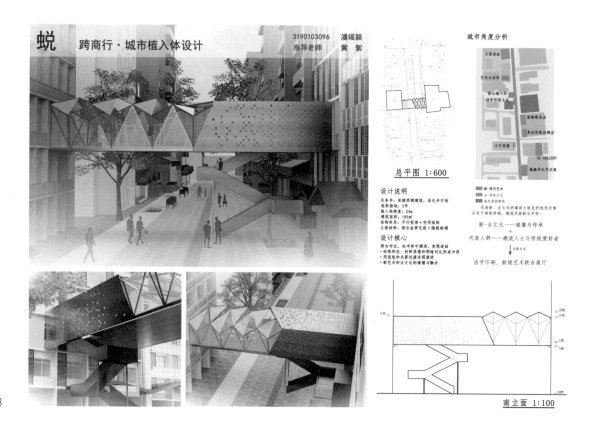

潘瑶颖 2019 级

作业点评

本作业从场地环境中提取灵感，通过对结构桁架的操作变形，形成过街廊形式感上的节奏变化，结合材料质感和室内空间的明暗变化，演绎了新艺术和古文化的碰撞与融合。结构形态与造型逻辑相统一，设计语言简洁，功能组织清晰，图纸表达完整，基本达到了本课程的教学目的。

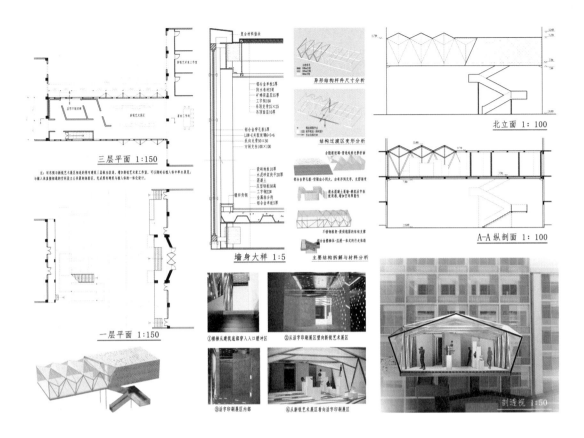

三层平面 1:150

注：对本组与新锐艺术展区相连的原有调整三层做出设想，增加新锐艺术家工作室，可以附属在插入体中单元展区，与插入体直接接触的部分设置主公共展览缓冲区，完成原有调整与插入体的一体化设计。

一层平面 1:150

墙身大样 1:5

异形结构杆件尺寸分析

结构过渡区变形分析

主要结构拆解与材料分析

①楼梯从建筑底部穿入入口缓冲区
②从活字印刷展区望向新锐艺术展区
③活字印刷展区内部
④从新锐艺术展区看向活字印刷展区

北立面 1:100

A-A纵剖面 1:100

剖透视 1:50

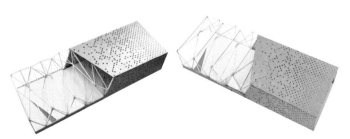

吕创 2019 级

作业点评

本作业通过对流线组织的拓扑变形，形成较为丰富的造型特色，同时兼顾了结构的可行性。立面处理上尝试了参数化的设计方法，通过独特的表达方式，使得整体造型更为统一协调。此外，形体与光线共同形成的廊下空间的领域界定颇有巧思。

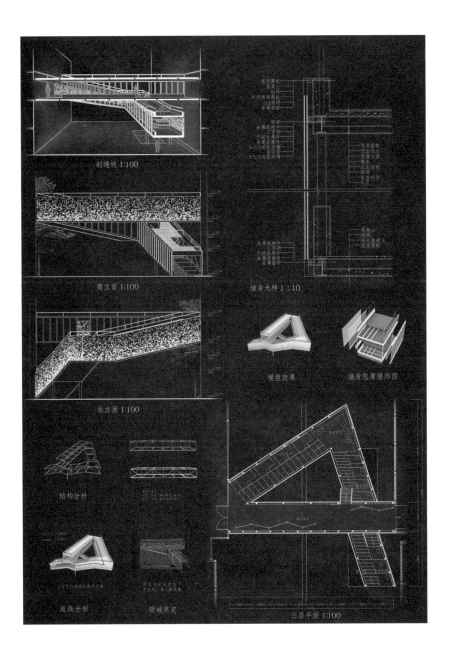

剖透视 1:100

墙身大样 1:10

南立面 1:100

模型效果　墙身包覆爆炸图

北立面 1:100

结构分析

流线分析　领域界定

三层平面 1:100

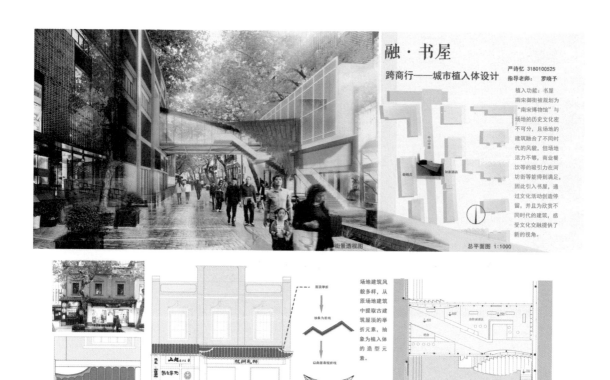

融·书屋

跨商行——城市植入体设计

严诗忆 3180100525
指导老师：罗晓予

植入功能：书屋
南宋御街被规划为"南宋博物馆"与场地的历史文化密不可分，且场地的建筑融合了不同时代的风貌，但场地活力不够，商业餐饮等能在河坊街等得到满足，因此引入书屋，通过文化活动创造停留，并且为欣赏不同时代的建筑，感受文化交融提供了新的视角。

街景透视图

总平面图 1:1000

观察建筑立面 1:100

场地建筑风貌多样，从原场地建筑中提取古建筑屋顶的举折元素，抽象为植入体的造型元素。

过街廊平面 1:100

严诗忆 2019 级

作业点评

该作业从周边历史建筑的立面肌理中提取造型元素，并通过现代非线性的表现手法形成同构异质的表达。结构形式与建筑造型结合较为紧密，具有一定的创新性，同时考虑了结构形式变化对内部空间营建的影响，但对流线和功能的处理稍显生硬。

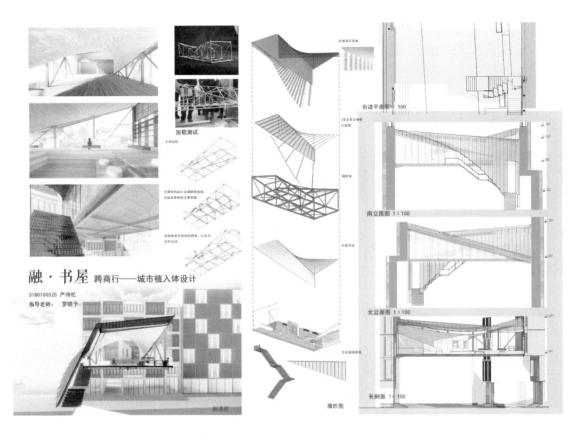

加载测试

主体结构

主要结构由六品钢桁架组成。钢结构架楼面主要荷载

结构体系有招转的趋势，红色为拉杆抗扭

融·书屋 跨商行——城市植入体设计

3180100525 严诗忆

指导老师： 罗晓予

创透视

折板型式钢桥

J型龙骨及梯脚

长玻璃

钢桁架

木屋用顶

外挂玻璃幕墙

爆炸图

街道平面图 1：100

南立面图 1：100

北立面图 1：100

长剖面 1：100

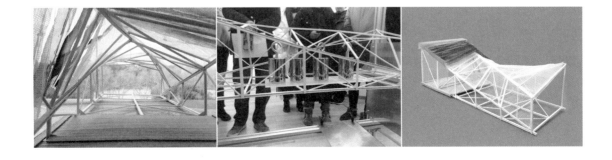

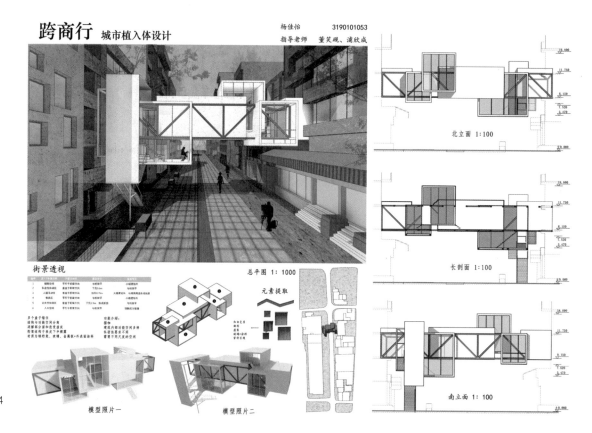

跨商行 城市植入体设计

杨佳怡 　3190101053
指导老师　董笑砚、浦欣成

街景透视

总平图 1: 1000

元素提取

模型照片一

模型照片二

北立面 1:100

长剖面 1:100

南立面 1:100

杨佳怡 2019 级

作业点评

本作业以简洁的桁架为基础，通过悬挑的盒子体量形成不同的空间组合，打破过街桥单层的思维定式，形成复式空间，营造不同标高的交流互动与不同高度的视觉体验，具有一定的启发性。建议在空间尺度与空间主次关系处理上予以进一步的推敲和思考。

跨商行
城市植入体设计

杨佳怡 3190101053
指导老师：董笑砚、浦欣成

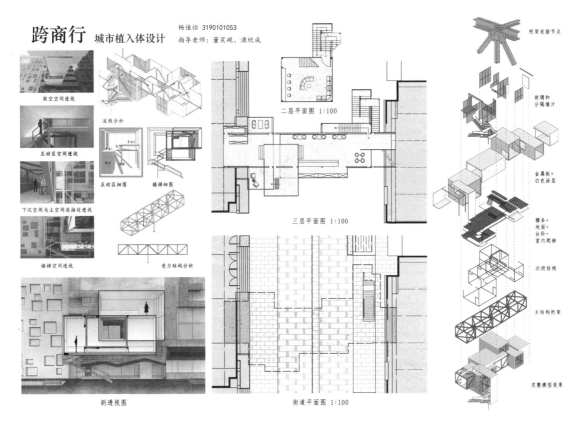

架空空间透视

互动区空间透视

下沉空间与主空间连接处透视

楼梯空间透视

流线分析

互动区细图

楼梯细图

受力结构分析

剖透视图

二层平面图 1:100

三层平面图 1:100

街道平面图 1:100

桁架连接节点

玻璃和分隔墙片

金属板+白色涂层

楼客+地面+台阶+室内爬梯

次级结构

主结构桁架

完整模型效果

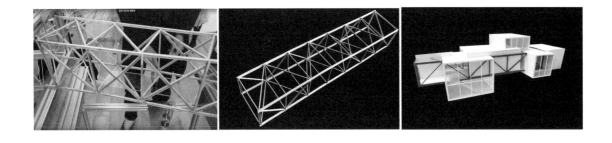

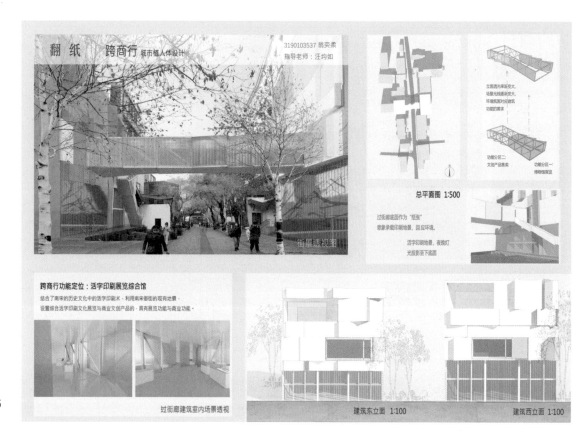

翁奕柔 2019 级

作业点评

该作业从活字印刷术中提取"翻"的意向元素，造型简洁易懂，结构体系清晰明了，局部的侧向变形打破了线性空间单调的空间感受，通过这样一个简单的小处理手法形成了较为独特的形式感。建议在内部功能和空间的设计中结合该元素，做进一步的细化与推敲。

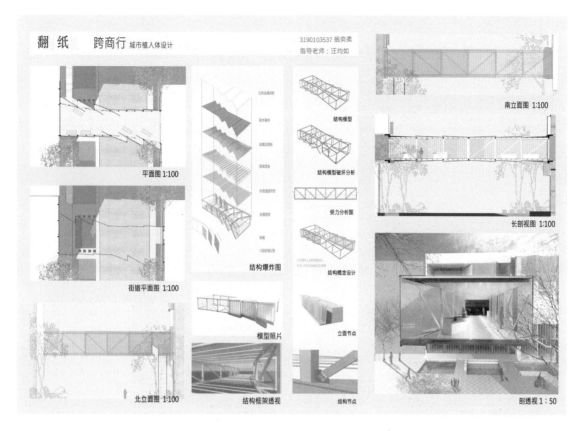

翻 纸　跨商行 城市植入体设计

3190103537 翁奕柔
指导老师：汪均如

平面图 1:100

街道平面图 1:100

北立面图 1:100

结构爆炸图

模型照片

结构框架透视

结构模型

结构模型破坏分析

受力分析图

结构概念设计

立面节点

结构节点

南立面图 1:100

长剖视图 1:100

剖透视 1:50

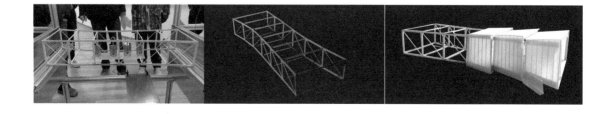

課題 III　尺木亭

建构·空间与建造

　　在信息爆炸、科技高速发展的时代，设计行业往往趋于追求创新。然而，操之过急的标新立异必将使思想停留于概念阶段而忽略现实细节。在基础建筑设计教学中引入有关木作建构的教学以及建造实验，对于增强学生动手能力、认识绘图与构造的关联，以及深化对建构的认知等方面有很好的作用，也能让学生在掌握基础技能的同时对朴素设计背后的建构魅力有更深刻的理解。

　　对于建造切片，主要以基于单元预制装配的"尺木亭"为设计课题进行教学实验。预制装配式建筑作为未来建筑产业化的主要发展方向之一，符合行业对建构问题的基本要求；同时，以单元预制装配的方法进行建构，可将复杂构造问题适度简化，利于低年级学生对相关问题的吸收理解。

课题概述

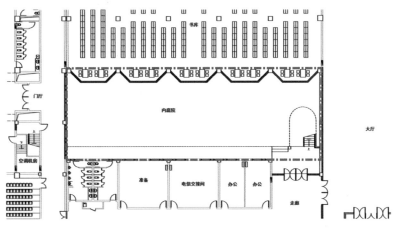

图 3-1　基地范围：建筑系馆内庭

教学任务

搭建一座足尺木构亭，强调设计中空间性、物质性、建造性三个主题的融合，驱动学生理解建构的基本问题和单元组合的设计方法。

教学要点

设计训练切片

1. 设计方法（切片）的训练：建造（构造）驱动
2. 设计逻辑的训练：预制构件 / 单元组合
3. 设计表达的训练：动态画面

技能训练切片

1. 阅读：木工搭建专题讲座
2. 调研：木构案例的分析与转译
3. 深化：通过多个实物模型及 1：1 节点推敲方案
4. 表达：模型表达、动态图示 / 视频表现
5. 实现：尺木亭 1：1 实际建造

设计内容

在建筑系馆的内庭中设计并建造一座木构亭，借此体验理解建筑构造与建筑设计的关系（图 3-1）。亭子应独立、稳定、可进入、可搬迁、可避雨、可排水，并强调以单元组合的方式，通过杆件或板片连接进行搭建。在考虑其本身的设计感和功能性的同时，还应关注木作设计本身的材料特性、构造特征和建造可行性。

设计要求

1. 亭子体积范围各向均不宜超过 2.5m
2. 亭子应独立稳定、可进入、可搬迁、可排水
3. 亭子的主要材料应为木杆件或木板片，其互相搭接方式应强调单元组合，
   单元建构逻辑应强调模块化，采用的构件规格尽量少，并应以制作一系列
   实物模型的方式推进设计

设计进度

周	任务	课堂讨论内容 1	课堂讨论内容 2
寒假	预备阶段：案例调研	案例调研报告	
1	练习 I：单元提取	开题讲座	寒假作业汇报及讨论；课后解读案例、制作单元模型 U0、U1
2	练习 II：单元组合 设计 I：空间秩序 设计 II：构造逻辑	练习 II：讨论单元模型 U0、U1；制作空间模型 M1 系列 设计 I：讨论方案构思，课后制作设计草模 M2	讲座：木构建构 设计 II：改进设计草模 M2；讨论关键节点构造 课后试做局部构造节点草模 D1
3	实现 I：设计改进	阶段评图	实现 I：改进局部构造节点模型 D1，制作优化模型（D2-a、D2-b……）
4	实现 I：设计改进	实现 I：制作正式模型 M3、正式局部构造节点模型 D3、绘制定稿图	实现 I：完善正式模型、绘制图纸
5	实现 II：设计完善	终期评图	实现 II：策划建造流程，进行设计优化和施工优化

课题背景

1 课题目标：空间性、物质性、建造性

　　任务书隐性地强调了木构亭的中性、无功能、无既有印象，同时又对设计的建造可行性提出明确要求，以突出设计中空间性、物质性、建造性三个主题，驱动学生理解"建筑建构"的基本问题和"单元组合"的设计方法。

　　任务书设置了清晰、紧密的教学环节，其目的是期望学生在多个简单、明确的设计步骤驱动下，能自然而然地体验并掌握一套基本的"单元组合"设计方法。诚然，绝对清晰化、系统化的设计步骤与解决真实建筑问题的思维模式不一定完全契合，自由化、因人而异的设计步骤也很可能最终形成相似的甚至更具创新性的设计结果。但是，对于本科二年级学生而言，他们缺乏一定的设计经验，且尚未形成清晰的设计思维。基于此，教学组在经过多次严谨的论证后，提出了这套由"练习—设计—实现"三大环节组成的教学计划。在练习环节强调结果的必然性，即学生只需要跟随练习便一定能引出基于"单元组合"方法的设计结果。同时，学生在练习环节中习得的设计方法可作为其进行发散性探索的起点。在设计环节突出思维的自由性，即学生在做完练习后可自行决定是沿用练习成果并使其"进化"，还是发展一个"突变"式的设计概念。在实现环节重视设计的可操作性，通过制作多个足尺节点实物模型和策划建造流程驱动学生以最直接的方式体会建构设计的要点，储备建构设计的技巧。

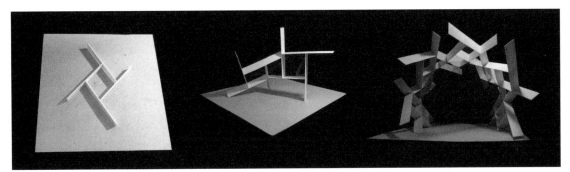

图 3-2 木构亭推敲过程

2 教学组织：练习—设计—实现

1） 练习：单元提取 + 单元组合

在练习环节，学生将进行一系列案例调研—单元提取—单元简化—单元组合的训练。在案例调研—单元提取阶段，学生通过对源自真实案例的模型制作，对搭接位置、接口处理、连接方式等具体建构问题形成直接体验，从而初步理解形式与构造的关系。在单元简化—单元组合阶段，学生将被动地将带有具体形式的建构单元简化为概念化的空间单元，并通过自由的模型操作理解单元组合的基本操作思路（图 3-2）。同时，一系列的过程模型和模型制作过程将通过视频的方式记录下来。

此环节强调的是逻辑化的设计思维，而非教条化的练习方法。因此，在练习的过程中，学生可以从多个视角切入并形成单元组合。例如，可以从结构稳定性切入，既可能探索如何利用额外的连接构件将单元组合或稳固在一起，又可能尝试将单元本身相互连接就能形成稳定状态的可行性；又如，有些学生在这个环节就选择开始考虑任务书中尺木亭可进入、可搬迁、可排水的要求，进而组合出合理的形式。

2） 设计：空间秩序 + 建构逻辑

结束练习环节后，每个小组将开始自主设计，并形成一系列概念设计草模。如前文所述，学生可以从练习的作业模型中择优进行深化，也可以提出新的设计概念，但不论从哪个方向切入设计，都应强调单元组合。

在概念设计定稿后，课程将通过专题讲座讲授木作设计中的具体构造问题和施工操作问题。对于单元化、模块化的设计，在开料过程产生的构造误差和在搭建过程产生的累计误差尤为关键，因此，"误差"是被重点提及的内容。该环节将促使学生基于在前述练习中学到的"单元提取"方法，提取设计草模中的一个重要单元，并通过大比例模型放样的方式推敲其具体构造，形成一系列局部构造节点改进模型。

图 3-3 木构亭建造施工过程

3）实现：设计优化 + 施工优化

在正式搭建之前，方案需要经过新的一轮优化，包括设计优化和施工优化。以《格物》作业为例，虽然该方案木构件相对统一，但是其简洁的设计形式下暗含着诸多不简单的建造问题，这些都是小尺度木作设计中遇到的常规问题，值得进一步推敲。

设计优化

对设计的优化主要是围绕如何模块化的问题展开的。一方面的优化在于如何减少方案所采用的构件规格种类，在探讨这个问题的过程中，设计小组进行了多次权衡。首先，需要优化《格物》方案所有节点上的杆件搭接位置关系问题。也就是说，对于同样长度的杆件而言，分布在杆件上的金属连接件预制孔位会因错位搭接而有至少一个杆件厚度的级差，从而使杆件规格增多。因此，需在搭接逻辑的规律性和规格种类的模块化之间进行权衡。其次，方案中杆件在边缘有一定出头，外侧的出头长，以消除构筑物的厚重感；内侧的出头短，以提供一个友好的内部空间体验。如果要达到仅有内外两种绝对出头尺寸，很可能又要增加更多种的杆件规格。因此，要同时达到出头尺寸统一、搭接方式规律、构件规格模块化三个要求就有一定难度。设计小组通过多次调整，最终在保证搭接逻辑规律、出头尺寸一致的前提下，将构件规格简化至 6 大类。由于设计中进行了掏挖的操作，形成了一个不规则的洞口，最终的方案中将出现因掏挖而切短的杆件。因此，在 6 大类杆件规格的基础上又产生了额外 8 种由于切短而形成的亚类杆件。

另一方面的设计优化在于如何减少实际搭建的累计误差。对于模块化搭建而言，这种先预制再拼装的方法对每个构件的尺寸误差率和对施工技术的准确度都有较高的要求。《格物》方案杆件数量多且最初设计为螺栓连接，这意味着要对连接点双侧的杆件进行预先打孔，打孔数达 764 个，且要求孔位精确对齐，否则累计产生的误差可能导致后续螺栓孔无法对位，最终导致施工失败。虽然考虑到木材弹性较大，可以一定程度上削减由于孔位偏差产生的误差，但是，由于尺木亭的主要搭建者都是零木作经验的大二学生，难免会有因施工不熟练而产生的螺母沉头不齐、螺孔定位偏离、孔道倾斜等问题，从而造成更多误差。因此，根据再一次节点放样实验的结果，设计小组最终决定将连接方式改为螺钉连接，并只打一侧杆件的孔位，另一侧画线定位，这样就能将打孔数缩减一半。最后的实际搭建证明，此改动在减少误差上起到了很大作用，同时也很大程度提高了施工的效率。

施工优化

对施工的优化主要是对尺木亭的尺度适应、加工模式、搭建顺序三方面的优化。首先是尺度适应，设计小组的主要考虑因素是施工的便捷性，其中一个关键问题即方格尺寸是否方便手持电钻进行螺钉锚固。因此，设计小组综合考虑后将方格尺寸调整为 400mm，为手持电钻伸入方格内工作留出了较大的空间余量。其次是加工模式，由于搭接节点的设计由双侧打孔螺栓连接调整为单侧打孔螺钉连接，这就需要从中筛选打孔的一侧，并尽量使多个孔打在同一根杆件上以提高施工效率。此时，设计小组又一次需要进行权衡，以达到在杆件规格种类尽量少的同时使需打孔的杆件尽量集中的要求。最后是搭建顺序，由于该构筑物仅有三个端点落地，因此需要在搭建时将尺木亭翻倒，在最终成型时翻转成三脚落地的形态。认识到该问题后，设计小组对实际的搭建顺序进行了详细的计划，决定以"梯子—面子—亭子"的顺序施工。即先搭建"梯子"状的构件，再将这些构件分别组成两片"面子"，继而在组装好的半成品上继续组装第三片"面子"，最终将成品翻转，并安装覆盖物（图 3-3）。依照计划，在施工准备阶段，学生对预制构件进行了批量化制作；加上大家已对施工顺序有过深入理解，最终仅用 4 小时，就自主将尺木亭组装完毕。

切片详解

图 3-4　阶段一练习过程模型

阶段一 练习：单元提取 + 单元组合（图 3-4、图 3-5）

设计训练切片

1. 设计方法（切片）的训练：建造（构造）驱动
2. 设计逻辑的训练：预制构件 / 单元组合

技能训练切片

1. 阅读：木工搭建专题讲座
2. 调研：木构案例的分析与转译

案例 1　　　　　　**案例 2**

预备阶段：案例调研

分组收集案例资料，从提供的案例库中选择 1 例，对案例资料进行收集

同时，额外找 1 个核心构造为木作设计的典型案例

将 2 个案例整理成案例调研分析报告

单元模型 U0

固定于 15cmX15cm
灰卡底板

单元模型 U1

固定于 15cmX15cm
灰卡底板

练习 I：单元提取

开题讲座、寒假作业汇报及讨论

课后解读案例、制作单元模型 U0、U1

1. 从 2 个案例中选择 1 个案例，解读其形成空间的构造单元，提取并简化此单元
2. 在 15cmx15cm 的灰卡底板上用木杆或卡纸制作概念单元模型 U0
3. 对概念单元模型 U0 进行简化或转义，尝试只用 2-5 件杆件 / 板片组成相似单元，在 15cmx15cm 的灰卡底板上用木杆或卡纸制作概念单元模型 U1

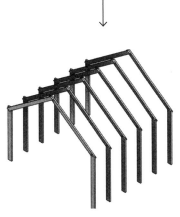

空间模型 M1

最高点为 25cm
无底板、稳定可站立
木棍、木片、棕色卡纸

图 3-5　练习"单元提取 + 单元组合"步骤顺序

练习 II：单元组合

讨论单元模型 U0、U1

制作空间模型 M1 系列

1. 调整 U1 的尺寸，通过阵列、旋转、叠加的方式（可以倾斜、重合），将多个 U1 组合成最高点高度为 25cm 的空间模型 M1
2. 基于 M1 继续探索不少于三种可能性方案 M1-a、M1-b、M1-c ……
3. 考虑两种单元组合的可能性：一种是利用"连接"构件将单元组合或稳固在一起；另一种是单元本身相互连接就能形成稳定状态
4. 考虑两种避雨构件的可能性，并且就排水问题进行优化：一种是额外覆盖木板、密排木杆或其他轻质材料作为避雨顶棚；另一种是单元组合在一起本身就具有避雨功能

使用"杆件"进行单元提取与单元组合的可能性示意 （图 3-6）

单元提取—概念单元模型 U1：

单元组合—空间模型 M1 系列：

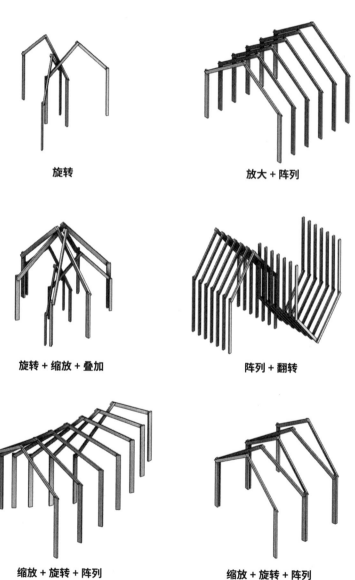

旋转   放大 + 阵列

旋转 + 缩放 + 叠加   阵列 + 翻转

缩放 + 旋转 + 阵列   缩放 + 旋转 + 阵列

图 3-6　使用"杆件"进行单元提取与单元组合的可能性示意

使用"板片"进行单元提取与单元组合的可能性示意（图 3-7）

单元提取—概念单元模型 U1：

单元组合—空间模型 M1 系列：

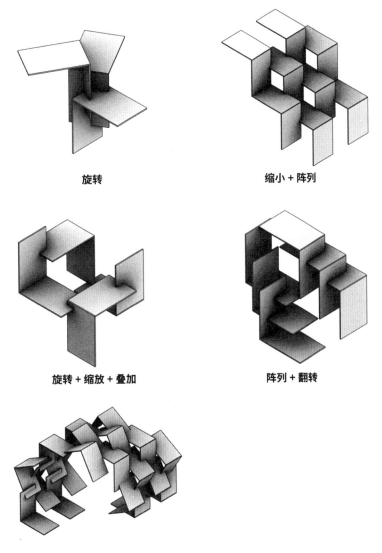

旋转   缩小 + 阵列

109

旋转 + 缩放 + 叠加   阵列 + 翻转

缩放 + 旋转 + 阵列

图 3-7　使用"板片"进行单元提取与单元组合的可能性示意

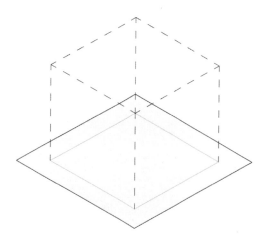

设计草模 M2、正式模型 M3

不大于 25cmX25cmX25cm

木棍、木片、棕色卡纸

放置于 30cmX30cm 白卡底座上

局部构造节点 D1

（可选制作一个单元节点）

局部构造节点 D1

（可选制作若干关键细部节点）

图 3-8　练习 "空间秩序 + 建构逻辑" 步骤顺序

阶段二 设计：空间秩序 + 建构逻辑 (图 3-8)

设计训练切片

设计表达的训练：动态画面

技能训练切片

深化：通过多个实物模型及 1：1 节点推敲方案

表达：模型表达、动态图示 / 视频表现

设计 I：空间秩序

讨论方案构思，课后制作设计草模 M2

1. 可以以一个设计概念为出发点，也可以用 M1 系列模型为出发点设计。亭子规格应满足任务书设计要求
2. 制作 1：10 的设计草模 M2

讲座：木构建构

设计 II：建构逻辑

改进设计草模 M2；讨论关键节点构造

课后试做一个局部构造节点草模 D1

1. 基于前述"练习 I：单元提取"的方法，提取设计草模 M2 的一个重要构造单元，并推敲其具体构造
2. 制作相应的局部构造节点草模 D1（比例 1：1）（图 3-9）

改进局部构造节点模型 D1

1. 改进局部构造节点模型，制作过程草模 D2（比例不限），并尝试不少于两种方案 D2-a、D2-b……
2. 拍摄设计过程 / 生成逻辑照片，作为终期展示视频的素材

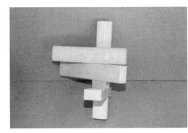

制作正式模型 M3

制作正式局部构造节点模型 D3

绘制定稿图

1. 正式模型 M3 比例为 1：10
2. 局部构造节点模型 D3 比例为 1：1
3. 绘制平面、立面、剖面、节点大样图的定稿图

完善正式模型、绘制图纸

图 3-9　局部节点模型

模型成果示例（图 3-10）

基本单元提取

案例：Gallery of Sayama Forest Chapel
设计：Hiroshi Nakamura & NAP

资料来源：https://www.archdaily.com/

基本单元 U0

基本单元 U1

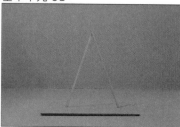

空间模型 M1-a

空间模型 M1-b

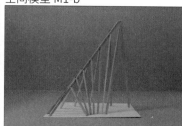

空间模型 M1-c

空间模型 M2-a

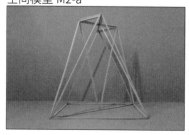

空间模型 M2-b

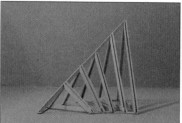

空间模型 M2-c

空间模型 M3

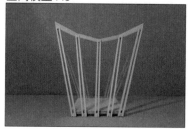

图 3-10 阶段一、二练习过程

视频作业成果示例（图 3-11）

图 3-11　终期展示视频截图

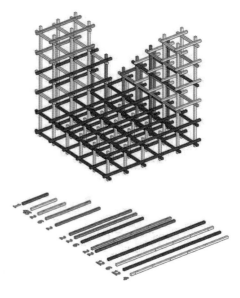

图 3-12 《格物》作业预制杆件梳理与优化

阶段三 实现：设计优化 + 施工优化 （图 3-12、图 3-13）

设计训练切片
设计方法（切片）的训练：建造（构造）驱动
设计逻辑的训练：预制构件 / 单元组合
设计表达的训练：动态画面

技能训练切片
实现：尺木亭 1∶1 实际建造

图 3-13   《格物》作业 "梯子—面子—亭子" 搭建过程

2019 春 ・尺木亭

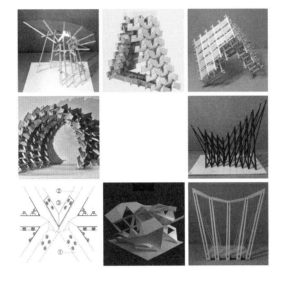

作业示例

U0

U1

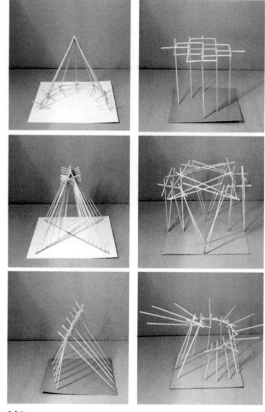

M1

2017 级 张露尹
　　　 黄佳乐
　　　 胡铃儿

作业点评

该份作业设计概念较为明确，形式逻辑较为清晰。在平面上，11 条竖向的支撑构件的原点以螺旋形离心式逐渐扩展开来；在竖向上，从中心起始的构件的竖直开始，沿着螺旋发散的轨迹，逐渐向内倾斜，以使构件顶点仍然维持在圆形轨迹之上；但是顶部通过悬挑的横向杆件的长度变化，仍然延续了平面上的螺旋扩散的势态，并且在倾斜角度上也从小变大。这些互为相关的系列性变化，使得两套杆件体系都表现出了某种从相对静态逐渐转换为相对动态的趋势——一个螺旋离心扩散的形式逻辑。在连接构件上，采用了横向杠作的方式，略显累赘。

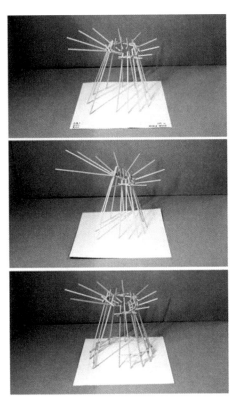

M2

M3

119

构件	尺寸	变化规律	名量
①	2152	差值以25为首项，5为公差递增。	12
M	1°	±1.5°等差递增。	12
②	250+30+60	内槽：差值以75为首项，5为公差递增。内槽：差值以20为首项，4为公差递增。	12
③	200	立面：以327起，差值以43为首项，5为公差递增。	12
④	505	差值以87为首项，7为公差递增。	10

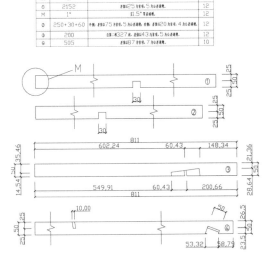

材料清单

轴测图

U0

U1

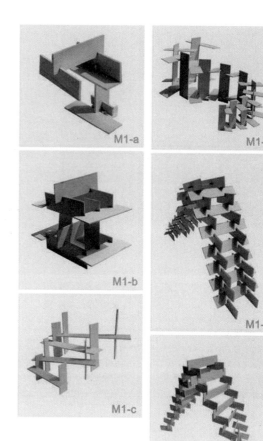

M1-a

M1-b

M1-c

M1-d

M1-e

M1-f

2017 级 姚丽霞
        倪超凡
        徐倩倩
        亚　美

作业点评

该小组选择以板片插接的形式搭建，在尝试了若干可能性后，该小组选择了人字形的基础形式，并尝试通过微小旋转角度形成回应不同观察角度的微妙空间形态。为了回应尺木亭需要覆盖面的要求，该方案在既有板片插接的形式上覆盖了密排长板材，并根据整体人字形亭子的旋转角度进行了细部优化。该方案在设计概念上比较直白，但是设计推敲过程中加入了许多巧思，最终形成了灵动有趣的结果，虽然在实施可行性上有待商榷，但是整体完成度很高，值得肯定。

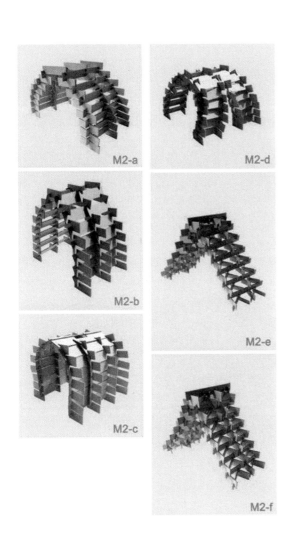

M2-a

M2-d

M2-b

M2-e

M2-c

M2-f

M3

A		700X250X20
B		700X250X20
C		1500X250X20
D		600X250X20
E		1600X250X20

材料清单

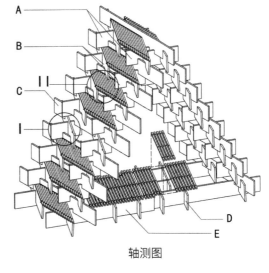

A

B

II

C

I

D

E

轴测图

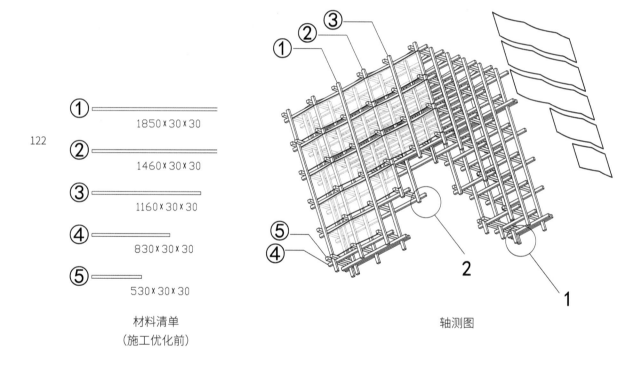

① ――――――――――――
　　　1850×30×30

② ――――――――――――
　　　1460×30×30

③ ――――――――――――
　　　1160×30×30

④ ――――――――――
　　　830×30×30

⑤ ――――――
　　　530×30×30

材料清单
（施工优化前）

轴测图

2017 级 姚新楠
　　　　宝启昌
　　　　郑锴钧

作业点评

该方案的设计主旨在于通过简单的规律创造功能与美观兼备的构筑物。方案以四根杆件相互搭接形成的"井"字作为基础单元，通过向三维坐标三个方向的扩展叠加，构成由二维井字互相编织形成三维方格网的构筑物。这个方案中性、朴素，具有很好的形式美感。同时，其简洁的设计形式下暗含着诸多不简单的建造问题，这些都是小尺度木作设计中遇到的常规问题，值得进一步推敲。

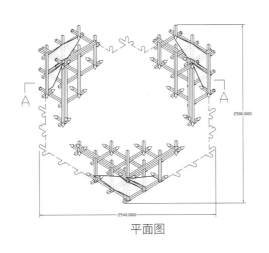

平面图

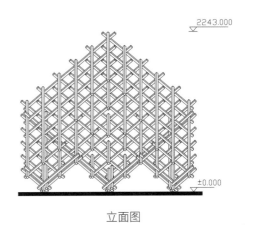

立面图

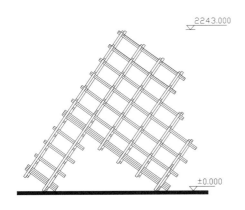

立面图

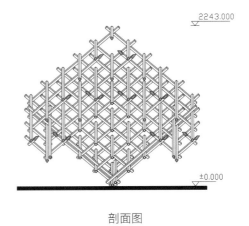

剖面图

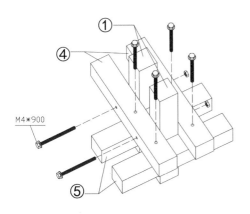

大样图 I

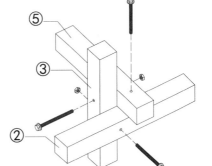

大样图 II

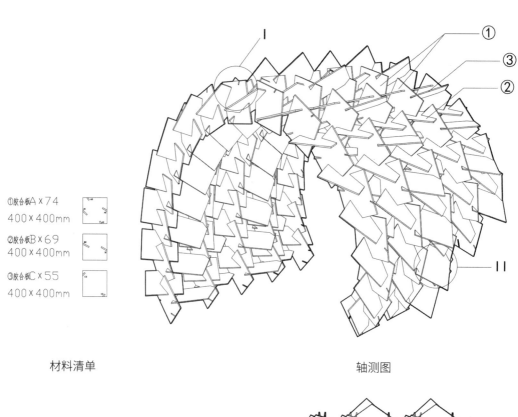

①胶合板A×74
400×400mm

②胶合板B×69
400×400mm

③胶合板C×55
400×400mm

材料清单

轴测图

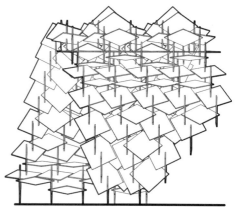

立面图

2017级 付　悦
　　　　王　轶
　　　　郭依瑶

作业点评

结构体看似复杂，但构成原理简单，就是由形状和大小一致的插片以某种秩序组合在一起，其难点在于插片开口的设计。练习初期插片组合成的形状较为散乱，造型自由度过高，较难实施建成一个亭子。学生认识到亭子形态完整的重要性，选择采用拱形组合方式，然后再确定插片几个方向的开口，终于完成了能自承重且有片片龙鳞意象的完整形态的"亭子"。

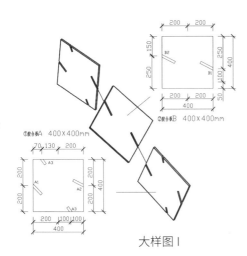

①胶合板A 400×400mm

②胶合板B 400×400mm

大样图 I

③胶合板C 400×400mm

大样图 II

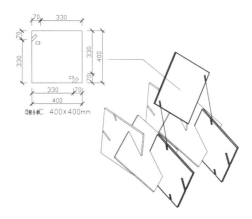

125

2017级 应　婕
　　　 虞　凡
　　　 徐　茜
　　　 徐洋奕

作业点评

该小组的方案选取三角形板作为基础单元，通过插接方式互联，最终形成稳定紧密的球状空间，简单却具有结构趣味。但在大尺度模型中，需要考虑人如何进入空间，影响了结构稳定性，因为设置开口将打破完整球形，三角形顶点难以立于地面。最后采用了细绳、透明膜和钉子组成的可变结构，虽解决了问题，但仍不够巧妙。

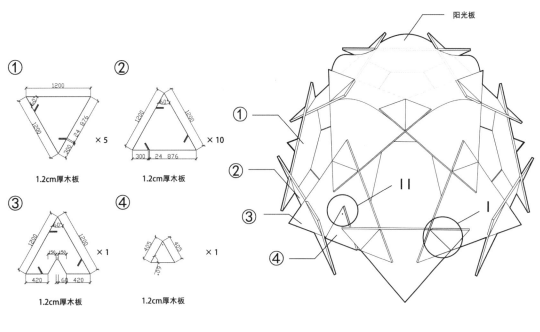

① 1.2cm厚木板 ×5

② 1.2cm厚木板 ×10

③ 1.2cm厚木板 ×1

④ 1.2cm厚木板 ×1

材料清单

阳光板

轴测图

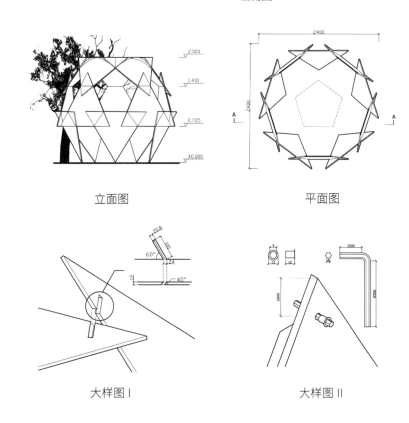

立面图

平面图

大样图 I

大样图 II

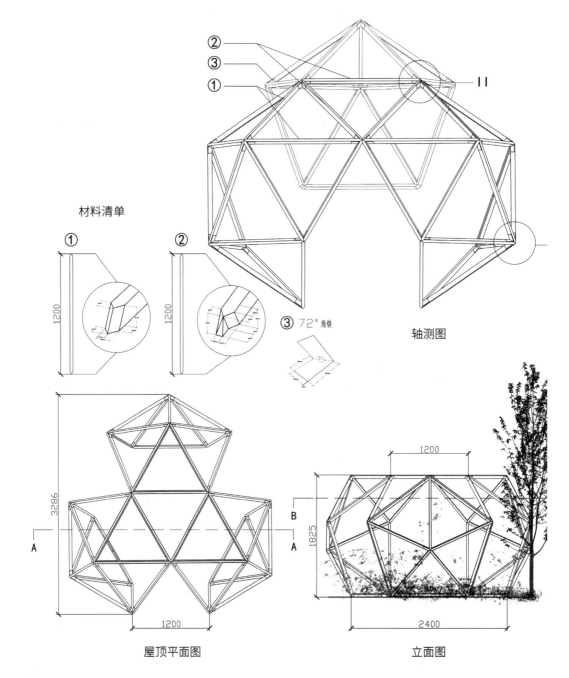

II

材料清单

① 1200

② 1200

③ 72°角铁

轴测图

128

3286

1200

屋顶平面图

A   A

1200

B

1825

2400

立面图

2017 级 沈昊迪
杨瑞童
费俊谋

作业点评

整体看是较为简单的空间桁架亭子，但是其趣味是打破简单完整的形态，同样达到结构的稳定性。从正六面体空间桁架出发，删除了三条边，形成了三组桁架的组合。每组桁架杆件组合向外突出，打破了一般六边形多面体的轮廓形态，使造型产生了一些复杂的变化。三边的缺口形成了亭子的三个进出口，三组桁架在顶部通过连杆连接成为整体。

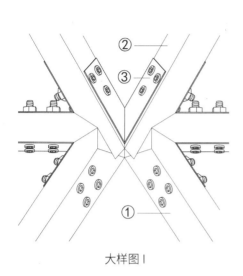

大样图I

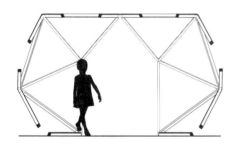

剖面图

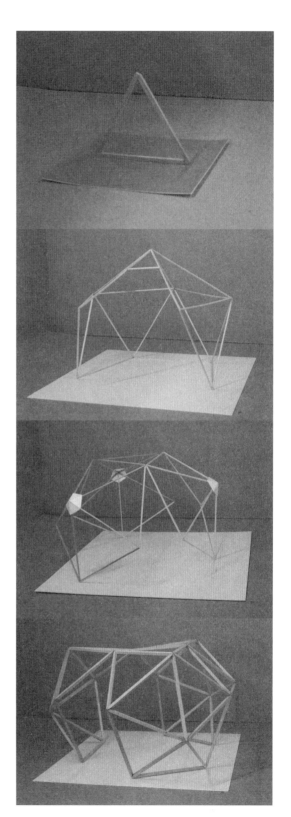

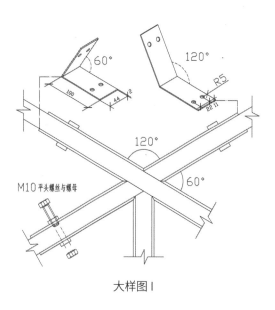

大样图 I

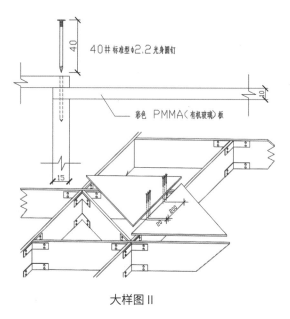

大样图 II

2017 级 王兆恒
　　　　曹　宇
　　　　华同非

作业点评

该方案基于案例分析中学习到的"Lamella"结构做法，以该结构为基础单元不断展开实验性的可能性尝试，最终将平面化的单元拓扑为立体化的结构，多个单元组合形成了最终灵动的形式。整体形式感极佳，但是最终屋面的覆盖对本身结构并未起到正面作用，反而埋没了原本具有冲击力的形式。

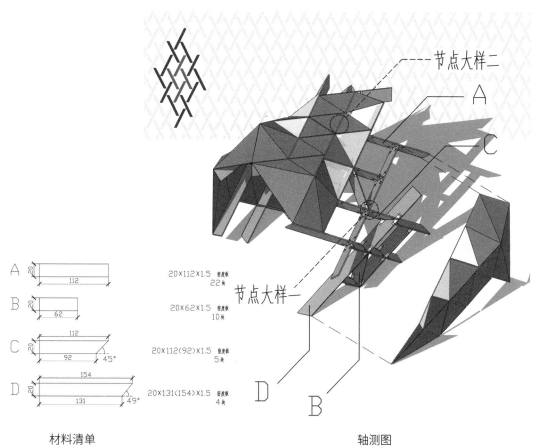

节点大样二

A

C

节点大样一

20×112×1.5 厚度板
22块

20×62×1.5 厚度板
10块

20×112(92)×1.5 厚度板
5块

20×131(154)×1.5 厚度板
4块

D

B

A
20
112

B
20
62

C
112
20
92
45°

D
154
20
131
49°

材料清单

轴测图

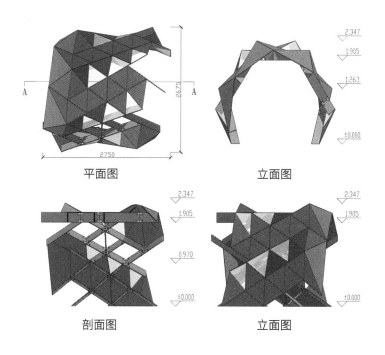

平面图

2675
2750

立面图

2.347
1.905
1.263
±0.000

剖面图

2.347
1.905
0.970
±0.000

立面图

2.347
1.905
±0.000

A   A

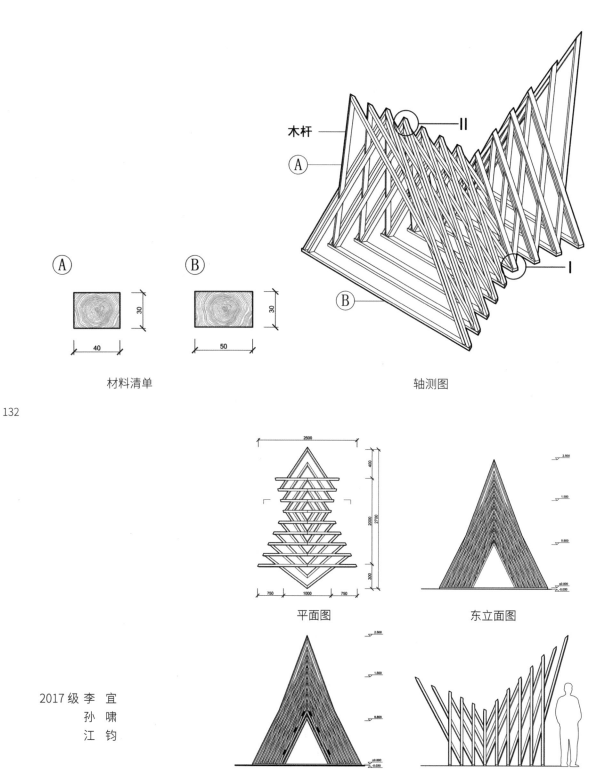

木杆

Ⅱ

A

Ⅰ

B

A

B

30

40

30

50

材料清单

轴测图

132

2500

400

2000

2700

300

750 1000 750

2.500

1.500

0.800

±0.000
-0.030

平面图

东立面图

2.500

1.500

0.800

±0.000
-0.030

剖面图

南立面图

2017级 李　宜
　　　 孙　啸
　　　 江　钧

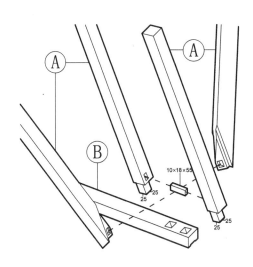

大样图 I

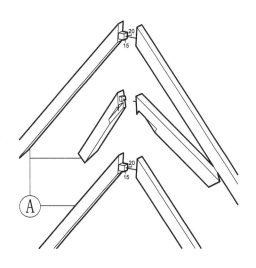

大样图 II

133

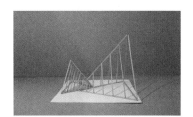

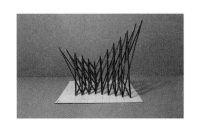

作业点评

该小组在从单元到组合的可能性推敲过程中，提出了多个不同类型的方案，并选择了在整体空间、形式、建构上比较均衡的一个选项进一步深化。最终形成的尺木亭形式舒展、节点简单、可实施性较强。但是，最终形成的亭子空间较狭窄，如果能在尺寸尺度上有更多的推敲，将会有更好的空间品质。

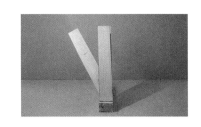

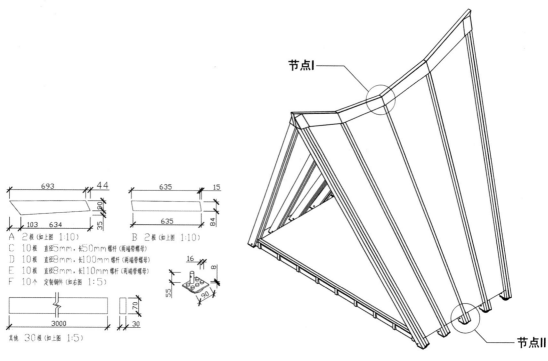

节点I

节点II

A 2根 (如上图 1:10)
B 2根 (如上图 1:10)
C 10根 直径5mm，长50mm 螺杆 (两端带螺母)
D 10根 直径8mm，长100mm 螺杆 (两端带螺母)
E 10根 直径8mm，长110mm 螺杆 (两端带螺母)
F 10个 定制钢件 (如右图 1:5)

其他 30根 (如上图 1:5)

材料清单

轴测图

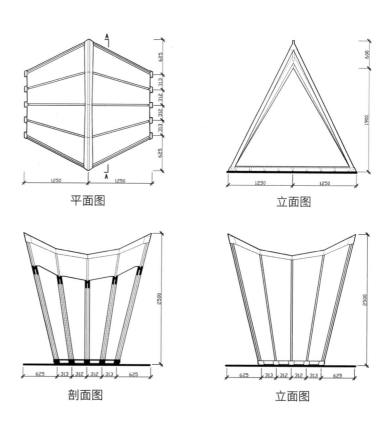

平面图

立面图

2017 级 郑力铨
张毅卓
顾思佳

剖面图

立面图

大样图 I

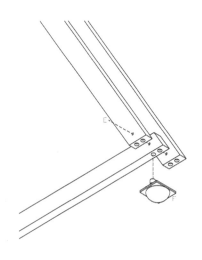

大样图 II

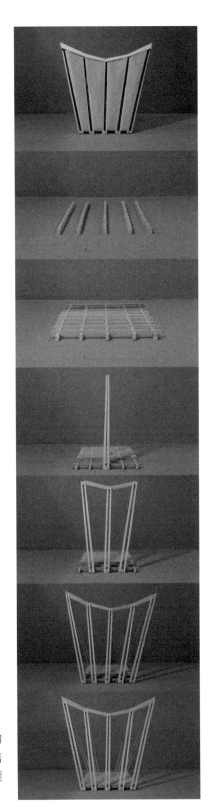

作业点评

设计提取了日本传统建筑合掌屋的"sasu"做法，即倒 V 字形结构，作为模块单元。通过多个倒 V 字形单元排列时顶点和两个端点轨迹的控制，使得整体空间变得不均质。设计的优点是逻辑清晰，空间简洁明了，且小组对于节点有深入的设计。其不足在于，因单元的角度倾斜，交接处不能够做到完全模块化，不同的单元会有细小的差异。

课题 IV 运河站
场所·空间与场地

图 4-1 拱宸桥大运河晨景

　　课题Ⅳ以"空间与场所"作为训练核心,从一个地块两个独立题目——码头、集合,逐渐整合为包含三个阶段(场地认知-创客中心-艺作聚落)的一个长题。训练从场地认知入手,到单体建筑与场地关系的设计,过渡到对建筑集合的公共空间及内部空间的相关关系的理解与认知。切片训练的重点从建筑内部空间转向外部空间及内外空间关系的认知与设计,强调从场地分析进入建筑设计,从场所认知到建筑单元建立秩序形成建筑集合(图 4-1)。

课题概述

课题安排

本课题聚焦于空间与场所训练，设置了 16 周的长题，分 3 个阶段完成：阶段一为"场地认知"，训练通过场地调研切入设计；阶段二为"创客中心"，训练基于场地认知设计包含一定数量单元空间的小型公共建筑；阶段三为"艺作聚落"，设计拥有一定数量建筑单元的集合，探讨营造场所感的同时平衡单元独立性和聚落公共性。

阶段一
运河站－场地认知

教学任务

在深入了解建成环境状况的基础上，进行场地认知和分析，从而理解建筑与城市之间的基本关系。

认知内容

1. 区位条件及历史阶段对场地功能定位的影响
2. 场地及其周边交通与绿化认知
3. 场地使用情况分析
4. 场地内及周边典型建筑风貌分析

教学要点

认知训练切片

1. 场地总体认知：区位、功能、历史、文化、交通、景观、高程
2. 场地细节调查：地形、堤岸、水文、植被、铺装

技能训练切片

1. 调研：多源资料综合（文献＋现场察访）
2. 分析：区位、文脉、交通、景观、高程、使用、细节

成果要求

1. 分析图 4 张竖版 A4：表达区位、地形、交通、绿化、场地意象（路径、边界、场域、节点、标志物）、历史沿革、使用人群、细节
2. 概念总图 1 张竖版 A4：表达用地规划、空间布局及形态意象

阶段二
运河站－创客中心

教学任务

通过对一特定场地的认知、分析和更新设计，重点探索建筑与环境的关系。

设计内容

1. 改造码头所在基地，优化码头功能的同时提供室内外休闲场所
2. 游船客运站设计，包括候船及相关配套服务功能
3. 为艺术家及周边社区服务的 12 个小型单元空间及 1 个多功能大空间

设计要求

1. 充分考虑建筑物与场地的关系，解决场地认知中发现的问题
2. 关注景观以及观景的方式，在此层面赋予场地新的意义
3. 现状码头边界在用地范围内允许改变，但需保留公园与博物馆之间的交通、运河岸线和两棵古树
4. 现状建筑可以全部或部分拆除，建筑采用钢筋混凝土框架结构，地上不超过 2 层，12m 限高（从室外道路计算至檐口，可做地下 1 层，不计入总高）
5. 主要空间需包括：12 间艺术家工作室（各 40m²）；多功能用房（200m²）；设备间 2 间（各 15m²）；办公室 2 间（各 20m²）；卫生间（每层设置，各 40m²），底层需设置无障碍卫生间；码头候船及必要配套服务用房（以上为使用面积，可上下浮动 10%）
6. 总建筑面积不超过 1800m²

教学要点

设计训练切片

1. 建筑景观策略：建筑的显隐／架空／嵌入
2. 场地功能组织：场地设计与人的行为
3. 单元的组合：空间组织结构关系
4. 空间与结构：空间构成的结构体系
5. 设计规范学习：无障碍概念及设计

技能训练切片

1. 分析：设计概念分析、设计过程逻辑分析
2. 表达：基本建筑制图（平、立、剖面图）、场景透视（渲染）

成果要求

1. 图纸 1 张竖版 A0：总平面图（1：800），平、立、剖面图（1：200），透视图、设计生成分析图（内容要求详见排版图）
2. 模型 1：200，范围见地形图，材质自定

阶段三
运河站－艺作聚落

教学任务

将单元与集合在建筑设计中的互动关系作为主要议题，掌握外部空间设计的基本方法。

设计内容

设计一个艺术休闲聚落，由 9 栋单元楼和串联它们的 1 条廊道组成，兼具艺术家孵化器和休闲培训功能，与码头共同起到激活并衔接高家花园与旧厂房、桥西历史文化街区的作用。

设计要求

1. 单元楼至少提供 1 个休息间、1 间工作室和 1 间多功能培训室、一层庭院，卫生间（每层布置，2m²），其他空间需求自定
2. 单元楼户型不超过 3 种（可旋转、镜像使用），应综合考虑其独特性、可变性以及聚落的整体感。同一户型在屋顶形式、开窗或外墙饰面上可略作变化，并且便于租用者在不破坏主体结构的前提下自行调整室内布局
3. 廊道承载公共的艺术休闲活动（空间布局可变），应能连接每栋单元楼但又不被其打断，同时保证每栋单元楼拥有独立的室外空间
4. 项目不提供餐饮服务，但需考虑居住的需求及其与工作、休闲的关系
5. 基地内不设机动车停车位，但需保证园区内部以及穿越交通的便利性，包括人行及非机动车（特别是送货的三轮车等）
6. 室内外空间应平衡全开放、半开放及私密性的关系
7. 空间形态需对周边环境做出回应，保证旧厂房一定程度的视线开敞
8. 总建筑面积 2500m²，建筑限高 10m（檐口，且不超过 3 层）

教学要点

设计训练切片

1. 单元类型设计：单元建筑内功能空间的组织逻辑及内外空间关系定义
2. 集合秩序建立：外部空间形式、序列和层级及交通流线
3. 单元与集合相互关系：从单元和集合两个层级调整单元和集合设计
4. 设计规范学习：建筑间距及安全疏散设计

技能训练切片

1. 分析：设计过程逻辑分析、设计成果分析
2. 表达：各图纸图面综合表达、计算机渲染、排版表达

成果要求

1. 图纸 1 张竖版 A0：总平面图（1∶800），平面、立面、剖面图（1∶200 用地范围），总体透视图，聚落空间分析图或系列小透视（室外空间及户内空间透视）
2. 模型 1∶200，范围见地形图，材质自定

设计进度

	周	任务	课堂讨论	课后完成
场地认知	1	认知分析	1. 任务书讲解 2. 讲座—场地设计	设计现场调研，文献资料搜集
			讨论：场地分析	场地分析草图
	2		讨论：场地分析及概念设计	场地分析草图，概念设计草图
			讨论：概念总图设计	场地认知作业完成
创客中心	3	设计构思	1. 挂图 2. 讲座—分析方法	线上搜索相关建筑案例，制作案例分析 PPT 并上交
			讨论：案例分析	构思模型，概念草图
	4		讨论：构思模型	空间草模
			讨论：空间模型	结构模型，总平面图
	5	深入设计	讨论：平面组织结构	空间、结构模型
			讨论：平面单元深化	平面功能房间深化
	6		讨论：平面、剖面深化	建筑电脑模型制作，表达形体及材料意向
			讨论：立面、材料	电脑模型深入，总图确定深化
	7		讨论：总图深化	完成设计平、立、剖
			设计定稿	确定设计表达图纸内容及版面
	8	分析表达	讨论：分析图制作	设计生成分析、分析图
			模型制作	模型制作
	9		计算机渲染	渲染图
			绘图	码头 1 张 A0（竖版），模型 1：200
		中期评图		
艺作聚落	10	调研	开题、讲座（法规）讨论与码头的衔接	线上搜索相关建筑案例，制作案例分析 PPT 并上交
			调研案例、单元概念	设计概念草图
	11	从单元到集合	单元概念草图及空间构成	单元形体草模及平、剖面草图
			单元内部的空间组合	组团概念草模，平、剖面草图，结构分析图：单元—组团，加入公共廊道，形成公共及独有的外部空间
	12		组团概念对照法规进行检讨	集合概念草模，平、剖面草图，结构分析图：组团—集合，完善公共廊道，明确外部空间的层级和秩序
			集合概念：法规制约与集合结构的关系	集合平立剖草图和单元草模细化：根据场地关系调整集合结构，关注单元的作用
	13	从集合到单元	单元与集合的同构	组团平立剖草图和单元草模修改：组团的特质，关注单元的作用
			单元与组团的同构	单元平立剖草图，草模：单元的特质，关注模式的作用
	14		单元的独特性、可变性	廊道平立剖草图、草模：集合—一般单元—特殊单元
			特殊单元与集合	集合方案定稿
	15	分析表达	单元空间构成、室外空间分析	分析草图、渲染图小样
			分析图绘制、计算机渲染	渲染图、分析图
	16		绘图汇总，包括阶段一、二	图纸 1 张 A0（竖版）、模型 1：200
		最终评图		

参考阅读

1. [日] 芦原义信 . 外部空间设计 . 中国建筑工业出版社 , 1985.
2. [日] 芦原义信 . 街道的美学 . 华中理工大学出版社 , 1989.
3. [美] 凯文 • 林奇 . 城市意象 . 华夏出版社 , 2017.
4. [美] 凯文 • 林奇 . 城市形态 . 华夏出版社 , 2001.
5. [挪] 诺伯格 • 舒尔兹 . 存在 • 空间 • 建筑 . 中国建筑工业出版社 , 1990.
6. [挪] 诺伯格 • 舒尔茨 . 场所精神：迈向建筑现象学 . 华中科技大学出版社 , 2010.
7. [挪] 诺伯格 • 舒尔茨 . 建筑—意义和场所 . 中国建筑工业出版社 , 2018.

図 4-2 拱宸桥一侧基地鸟瞰

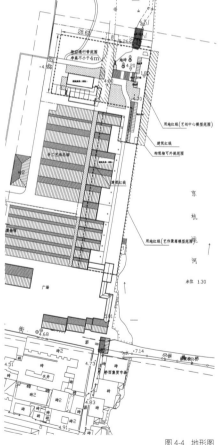

图 4-4 地形图

图 4-3 高家花园一侧基地鸟瞰

基地条件

基地现位于京杭大运河（拱宸）桥西旅游码头区块，北接高家花园（市民公园），南邻桥弄街，距拱宸桥仅百米，东侧为京杭运河。用地形状呈 L 型，北侧为码头及小绿地，南侧为运河金石博物馆展廊（拟拆除）。码头与公园有 3m 左右高差，场地内有木构敞廊和管理储藏室若干间及候船平台。本次用地面积 6328m²，分为南北两块。北侧用地 3430m²，用于码头建设；南侧用地 2898m²，拟建 9 栋艺术家工作室组成的聚落（图 4-2~图 4-4）。

基地发展历史（图 4-5）

2000 年
基地区块尚存货运码头及大量工业建筑，城市道路尚未建设。

2004 年
城市更新开始，大部分工业建筑被拆除，保留部分厂房，其功能更新为文化旅游服务。拱宸桥东侧城市道路网基本建成，运河东侧建设了拱墅区行政中心，东南角运河文化广场开始建设。

2009 年
桥东区块基本建设完成。桥西城市地块道路网基本建成，规划为居住及旅游文化功能。基地周边厂房及附属建筑大部分拆除，小河路东侧部分厂房保留。沿运河建设了城市绿道系统。

2018 年
桥西地块基本建设完成，保留厂房改建为展示杭州地方手工艺的博物馆，沿河规划为以绿地为主的步行公园。小河路东侧居住地块建设低层住宅，西侧建设高层住宅。

图 4-5　基地谷歌地球历史影像

课题背景

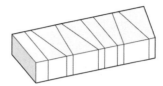

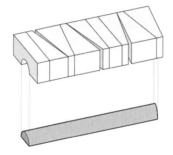

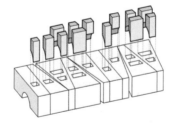

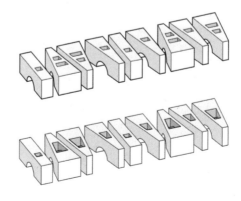

图 4-6　学生作业—聚落设计分析图

1 三个建筑基本问题

1）建筑和环境要素

建筑产生于某个特定的环境，环境的自身特点对建筑形成了限定。建筑应与自然、人文环境连接，而非突兀骄傲漂亮地存在。认知场地的环境要素，包括区位、历史、文化、交通、地形、植被、使用情况等，并将其作为设计的限制和启发因素。

2）外部空间和集合

建筑外部空间由建筑要素和其周围环境要素共同构成。它既可以是建筑对周边"无意图"占有所形成的"消极空间"，也可以通过设计建筑及其环境要素，从而形成有意义的"积极空间"。建筑单体会产生外部空间，建筑单体组合构成的集合会产生复杂的外部空间体系（图4-6）。

3）建筑设计基本规范

建筑发展受到越来越多的限制性条文约束，包括安全、卫生、生态、节能等方面。设计规范本质上属于建筑功能范畴，其规则条文目的是保证建筑多维度目标实现。建筑设计专业规范中最核心的内容是保证安全使用，涉及疏散、间距、防护、无障碍设计等内容。

2 空间设计及场所理论背景

1）芦原义信的外部空间设计理论 [1]

芦原义信的外部空间理论主要从人的视知觉生理特征和环境心理出发，对外部空间进行定义和分类，提出外部空间要素和设计方法。

外部空间概念与性质

建筑的外部空间是从在自然中限定自然开始的，是由人创造的有目的的外部环境，是比自然更有意义的空间。建筑师所设想的外部空间是建筑的一部分，即把整组建筑聚落看作一幢建筑，有屋顶的部分作为室内，没有屋顶的部分作为外部空间考虑。在外部空间中，由于没有了空间限定三要素中的天花板要素，地面与墙壁就成了极其重要的设计决定要素。

外部空间可定义为积极空间（Positive-space，即 P 空间）和消极空间（Negative-space，即 N 空间）。积极的空间，就意味着空间满足人的意图，或者说有计划性；消极的空间，是指空间是自然发生的，是无计划性的。

外部空间尺度、尺寸和模数

尺度的形成由人眼视觉生理特征决定，并和心理感受相关。扬·盖尔认为，建筑与街道之间的联系发生在建筑从街道地面以上五层高度内。芦原义信的研究对象也是传统城市空间，是近人尺度下城市空间研究。因此，在绝对尺寸 20m 下的相对尺度关系有参考意义。

人的视点与建筑、建筑与建筑、人与人之间距离与高度的比值 D/H：a）D/H=1，成 45°仰角，是观赏任何建筑细部的最佳位置，但不利于观看建筑物的整体，且建筑物会发生变形；b）D/H=2，成 27°仰角，既能观察对象的优视整体，又能感觉到它的细部效果，形成反应良好的竖向空间关系观测区，因此 27°被认为是观察建筑物整体的最佳视角；c）D/H=3，成 18°仰角，则可以观赏建筑群体，对建筑物所处环境研究是非常

1. 本节观点来自 [日] 芦原义信著. 尹培桐译. 外部空间设计 [M] 中国建筑工业出版社 ,1985.

理想的；d）D/H>4，失去相互间的影响力。外部空间设计绝对尺寸可以参考"十分之一理论"，即外部空间可以采用内部空间尺寸 8-10 倍的尺度。

外部模数：外部空间可采用"行程为 20-25m（可识别人脸的距离）的模数"。每 20-25m，或是有重复的节奏感，或是材质有变化，或是地面高差有变化。

2）外部空间的设计手法

外部空间的布局：若把外部空间考虑为"没有屋顶的建筑"，那么布局就相当于建筑设计最基本的"平面布局"，平面布局就是对空间所要求的用途进行分析，并确定相应的领域，包括空间的大小、铺装的质感、墙壁的造型、地面的高差等。

空间的封闭性关联要素：与墙的高度有密切关系：a）30cm、60cm、90cm 高，几乎没有封闭性，视觉上连续；b）120cm 高，身体大部分逐渐看不到，产生出一种安心感，但是视觉上仍有充分的连续性；c）150cm 高，产生了相当的封闭性；d）180cm 高：人几乎看不到了，产生封闭性。空间的封闭性与墙体之间的距离有关，即前述的 D/H 关系。外部空间的转角出现纵向缺口，从空间的封闭性来说效果较差。相对的，在保持转角封闭而创造阴角空间时，即可大大加强空间的封闭性。

外部空间的层次：在外部空间构成当中，空间都有一定的顺序，可以根据用途和功能来确定空间的领域。如：外部的—半外部的—内部的；公共的—半公共的—私用的；多数集合的—中数集合的—少数集合的；嘈杂的、娱乐的—中间性的—宁静的、艺术的；动的、体育性的—中间性的—静的、文化的。

外部空间的序列：对于同一景色，取景的角度不同所产生的视觉效果也不同，所以就产生了外部空间的序列。

其他手法：如有效地利用地面的高差；外部空间中水的处理。

3）凯文·林奇的城市意象理论[2]

凯文·林奇采用环境心理学研究方法，探讨"城市意象"的意义，提出决定城市意象的五要素及强化城市意象的方法。

城市意向及五要素

城市意象是城市景观在人心中的认知印象，良好的城市形态与可读性和可意象性是认知城市的关键问题。城市意象可由五个基本要素去解读：路径、边界、区域、节点和地标。

I 路径（Path）。路径是人在城市中运动使用的空间，可以是街道、步道、运输线、河道或铁路等，是认知城市最重要的线状空间要素。其他要素沿着路径展开布局，与之密切相关。大多数人都认为，道路是城市最突出的元素。道路有着方向性、延续性、交叉性等特征。

II 边界（Edge）。边界是线性要素，它并不像道路一样，被人们使用或关注，而是两个片断之间的界线，例如：海滨、铁道断口、城市发展的边缘、墙体等。边界是两部分的边界线，连续过程中的线形中断。边界间可能相互渗透，同时将区域分隔开；可能是接缝，沿线两个区域相互关联，衔接在一起。

III 区域（District）。区域内部的景观和功能具有同质性，其边界特征界定了区域范围。区域是在城市中，中等尺度或大尺度的组成单元。从内部看，它们总是易于辨认的；如果从外部可见的话，它们也常被用作外部空间的参照物。大多数人是以这种方式在一定范围内来构想他们心目中的城市的。

IV 节点（Node）。节点就是标识点，是城市中人们所能进入的重要战略点，是旅途中抵达与出发的聚焦点。节点是点状空间要素，是城市空间的聚焦区域，如交通线路中的休息站，道路的交叉或汇聚点。节点是从一种结构向另一种结构的转换处，也可能是简单的聚集点。由于是某些功能或物质特征的浓缩，因而显得十分重要。

V 地标（Landmark）。地标是另一类型的参照点，人们身处它们外部，并不进入其中。它们通常是一些简单定义的实物：建筑、标识牌、商店

2. 本节观点来自 [美] 凯文·林奇著. 项秉仁译. 城市意象 [M] 华夏出版社,2017.

或山峰。这些标识物被反反复复地用于识辨，用来构建人的城市印象。

强化城市意象

城市意象的形成其实是一个双向作用的结果：物质环境给观察者提供感官上的材料，而观察者依据自身的理解，对材料进行筛选、组织，最终赋予材料结构与意义。强化城市意象需要优化每一个单独的城市要素，并从形态特征优化要素共同的主题。

4）舒尔兹的建筑场所理论

"场所"是建筑现象学的核心概念，由建筑现象学者舒尔兹提出。其背景是现代建筑所引发的环境危机，倡导从人的知觉体验和真实感受层面，将自然环境、人造环境和场所作为一个整体来考察。

建筑意义 [3]

任何一处基地都自有一种存在和意义，建筑应在这些特殊性中生成。建筑是基于不同的情境需要不同的解决方式，藉以满足人生在实质上和精神上的需求。建筑包括大地景观和聚居地，以及房屋和有关房屋的种种阐释，然而它又是一个活生生的实在。通过建筑，人们拥有了空间和时间的立足点。于是，建筑不仅仅关乎实际需要和经济因素，还关系到存在的意义。这种存在的意义源自自然、人类以及精神的现象，并通过秩序和特征为人们所体验。建筑，应该理解成富有意义的（象征的）形式。

场所及其精神 [4]

场所是由自然环境和人造环境相结合的有意义的整体。准确点说是特定的地点、特定的建筑与特定的人群相互积极作用并以有意义的方式联系在一起的整体。舒尔兹将自然环境和人造环境组成一个有意义的整体，从而提出"场所精神"的概念。场所的观念，将环境与人、空间与意义结合起来。正确认识自然与建筑的关系，揭示场所精神的本质。从根本上讲，每一个人会意识到和我们出生、长大、目前生活或曾经有过特殊动人体验的场所，并且与之具有深刻的联系。这种联系构成了一种个人与文化的认同及安定的源泉，亦即我们在世界之中定位、定居、生存的出发点。

3. 本节观点来自［挪］克里斯蒂安•诺伯格•舒尔茨著，李路珂 欧阳恬之译，西方建筑的意义 [M]. 中国建筑工业出版社,2005.
4. 本节观点来自［挪］里斯蒂安•诺伯格•舒尔茨著，施植明译，场所精神：迈向建筑现象学 [M]. 华中科技大学出版社,2010.

切片详解

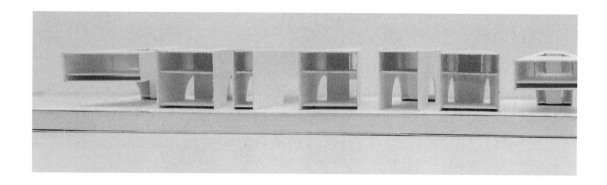

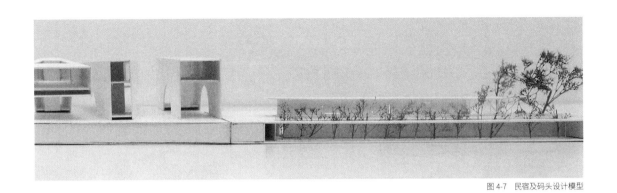

图 4-7 民宿及码头设计模型

1 切片的设计训练与技能训练 (图 4-7)

设计训练切片

1. 场地组织：区位、功能、历史、文化、交通、景观、高程
2. 场地意象：地形、堤岸、水文、植被、铺装
3. 建筑与场地：景观策略（显隐 / 架空 / 嵌入）、行为
4. 空间与场地：边界、节点、路径、标志物
5. 集合的组合类型和层级，包括混合程度、系列、格网，单个以及综合的秩序层级，结构以及局部与整体的关系，重复与变异，等等
6. 外部空间的形式、序列和层级，交通流线以及移动与休憩的关系
7. 普通单元与特殊单元

技能训练切片

1. 阅读：场地设计及建筑法规专题讲座
2. 调研：复杂场地调研、文脉文献研究
3. 分析：认知地图、图表分析、模块化评测
4. 表达：总图与剖面图专项、计算机渲染、排版设计

2 三个设计阶段的切片训练

阶段一：场地认知及分析表达
阶段二：基于场地关系的建筑设计
阶段三：建筑单元和集合设计

阶段一
场地认知

区位分析

基地现状为京杭运河畔的西墅园林景。东浮运河，与拱宸桥百米在碍。北濒江南园墅历史文化区，地域运河国际余区段人流流动性特点影响。结合周边既有之艺术园区、文博产业、历史园区、居民、博物、游客的极大发展潜力。形成集群效应。具有吸纳艺术家、居民、游客的极大发展潜力。

区位分析

基地所在运河区段与西湖、钱塘江、天目山余脉群峰等风景景区形成环抱之势，旅游资源优渥。

拱宸桥

基地位于杭州市中心，拱宸桥为其标志。

京杭大运河

天目山水脉

龙舟

钱庆

图 4-8 区位分析图

交通、水系及绿化分析

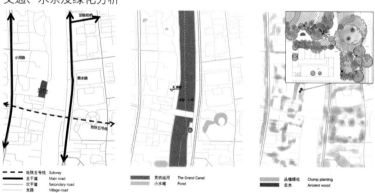

地铁五号线	Subway
主干道	Main road
次干道	Secondary road
支路	Village road

| 京杭运河 | The Grand Canal |
| 小水域 | Pond |

| 丛植绿化 | Clump planting |
| 古木 | Ancient wood |

图 4-9 交通、水系、绿化分析图

场地认知是设计中的一个环节，其结果表述为场地分析，属于现象分析。分析是以调研为基础，对客观事物的分析描述，如对现实的城市环境分析、基地分析、空间形态分析等，这类分析为设计本身服务。

场地认知训练要求通过基地及周边地段的调研，认知场地发展的历史脉络，分析基地区位、文脉、风貌、交通、功能、绿化、使用人群情况，结合规划定位认知基地发展的趋势，对基地内的建筑、地形、路径、使用、绿化、视线等进行深入分析，得出设计限定和发展方向（图4-8~图4-12）。

基地发展脉络及分析

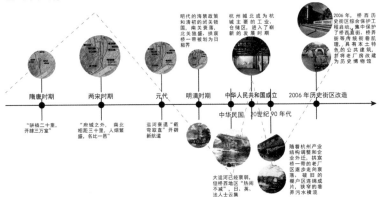

图 4-10　历史文脉分析图

使用人群类型及空间分布、时段分析

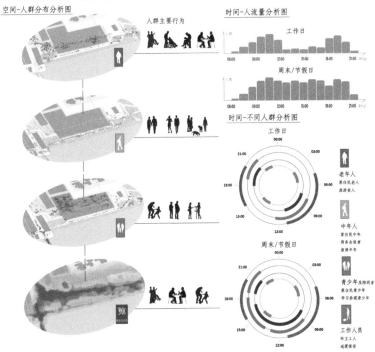

图 4-11　使用人群分析图

基地重要信息分析：建筑、数目、细部构造特征

图 4-12　基地重要信息分析图

阶段二
建筑与场地

设计训练切片
建筑与场地的设计逻辑（图4-13、图4-14）

从视线及功能路径组织出发产生设计逻辑

码头的区位正好处于钢架走廊与公园之间，是场地整体氛围转向静谧的关键节点，故我希望用狭窄的空间构成码头以引导人流，同时营造阴翳而富有禅意的氛围使人内心平静。

壹 坡道洞口尽头的光

在最先的方案中我使用了垂直于河岸的狭长坡道，从坡道到达岸边需要经过一个6m长的地下洞口，人跟着洞口处光的引导来到水边——如同石窟一般向岩石内挖凿的水边候船道。

贰 树与石窟候船道

第二个方案加强了两棵树在场地中的作用，围绕两棵树重新设计了坡道，并将售票和咨询融入坡道的周围。保留了"石窟"的候船道设计，并在其中加入了带有植物的玻璃体分隔人流，以加强空间静谧的品质。

叁 向纯粹进发

最终方案进一步加强了树的作用，树是流线的起点也是终点，取消了观景平台，让船停靠的位置不再受限，上下船的人在同一点向不同方向分流，使"石窟"候船道简洁而纯粹。

图4-13 码头设计概念分析图1

从景观及场地功能分区出发产生设计逻辑

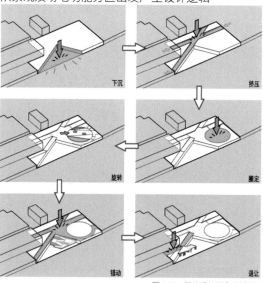

图4-14 码头设计概念分析图2

154

技能训练切片

建筑与场地分析，计算机渲染（图 4-15~ 图 4-17）

光照 / SUNLIGHT

形态 / FORM

虚实 / WINDOW

155

交通 / TRAFFIC

图 4-15　模型效果的计算机渲染表达 1

绿化 / GREEN

图 4-16　模型效果的计算机渲染表达 2

结合场地改造需求，创客中心包含码头客运站功能。码头客运站中
场地这一要素在设计中占有较大比重。设计需要综合考虑建筑和场地的
关系，组织基本交通功能——引导、进入、等候、登船，还需要在具体
城市环境中思考场地功能定位。

场所 / PLACE

通过小型建筑在场地中的布局，组织建筑外部空间，引导使用人群
行为，来探索建筑与场地的关系，其中涉及场地边界的跨越、场地功能
布局、场地高程安排、人员路径组织、建筑的空间引导性等问题。场地
高差较大，无障碍通行是设计训练需要解决的问题。

该阶段设计题目的内容从简单功能的码头及场地设计，逐渐调整为
带有码头功能的小型公共建筑及场地设计。

视线 / SIGHT

图 4-17　建筑与场地系列分析图

阶段三
单元和集合

设计训练切片
单元和集合的设计逻辑（图 4-18~ 图 4-20）

单元－集合－聚落

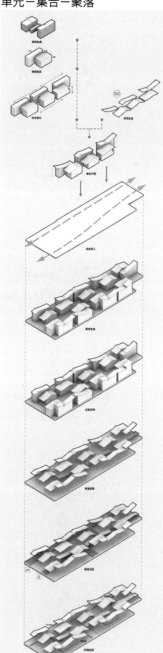

图 4-18　设计生成逻辑图 1

集合－单元－聚落

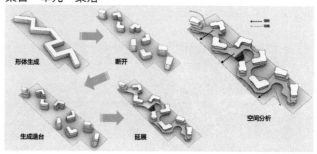

图 4-19　设计生成逻辑图 2

切割产生单元建筑及集合公共空间，从而形成聚落

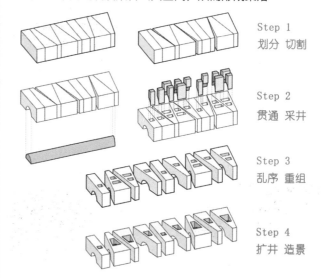

图 4-20　设计生成逻辑图 3

　　单元按照一定秩序形成集合而产生的具有场所特征的建筑聚落。聚落中，外部空间、建筑及内部空间处于相互影响的动态平衡。集合形成是按照一定秩序聚合在一起的结果，集合反过来也对建筑单元的设计进行调整优化。设置聚落类题目，学习控制建筑集合形成的规则，如聚落空间结构、外部空间设计规律、景观视线、相邻关系等小尺度城市空间问题。

　　单元和集合的功能在设计训练中有所调整，从小型民宿单元逐渐演变为空间更为灵活的艺术家工作室，以适应周边的城市更新定位。

技能训练切片

排版设计、计算机渲染（图4-21、图4-22）

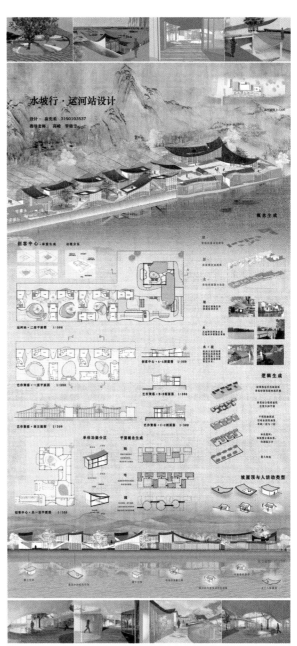

图4-21　设计汇总排版1

图4-22　设计汇总排版2

作业示例

2021 春 · 场地认知

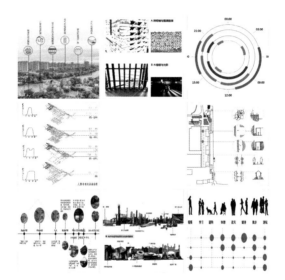

159

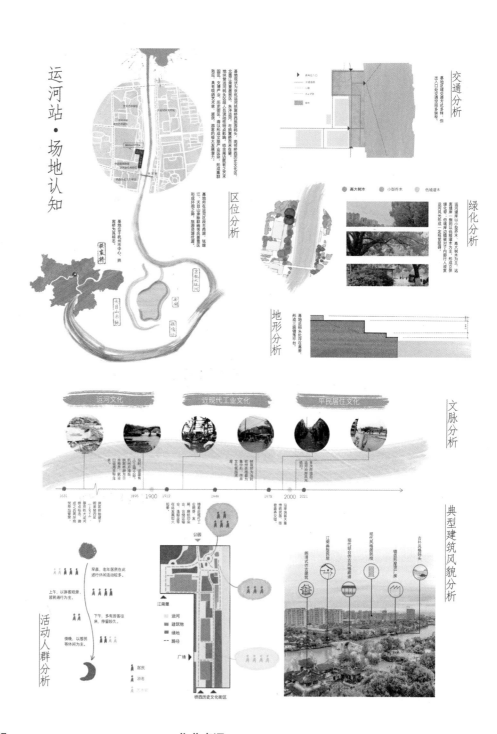

运河站·场地认知

区位分析

交通分析

绿化分析

地形分析

文脉分析

典型建筑风貌分析

活动人群分析

娄舒涵 2019 级

作业点评

从区位、交通、文脉、地形、建筑风貌及活动人群方面进行了系统的场地认知分析。区位分析巧妙地结合了城市空间中最核心的两大要素，并将宏观城市跟微观城市肌理结合表达。分析表达构图整体，各图表达风格清晰统一。

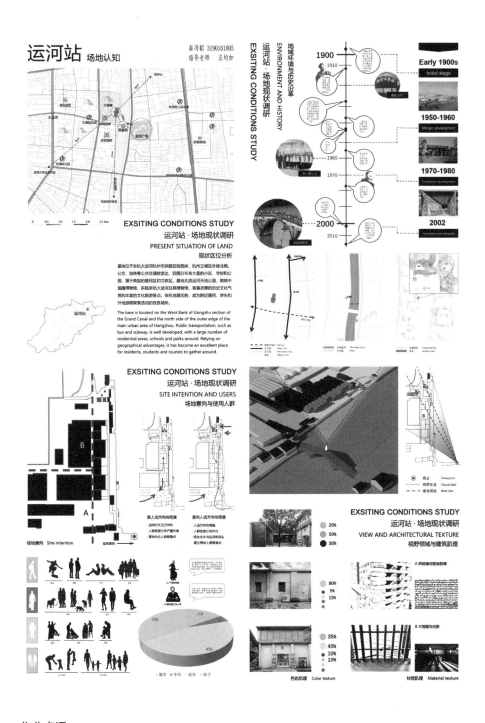

作业点评

场地认知分析较为系统。在区位、历史沿革、交通、水系、绿地、人群使用、景观视野、建筑细部、色彩肌理等方面，均做出了合理的分析及图示语言的表达。分析中缺少总结性评述。

翁冯韬 2019 级

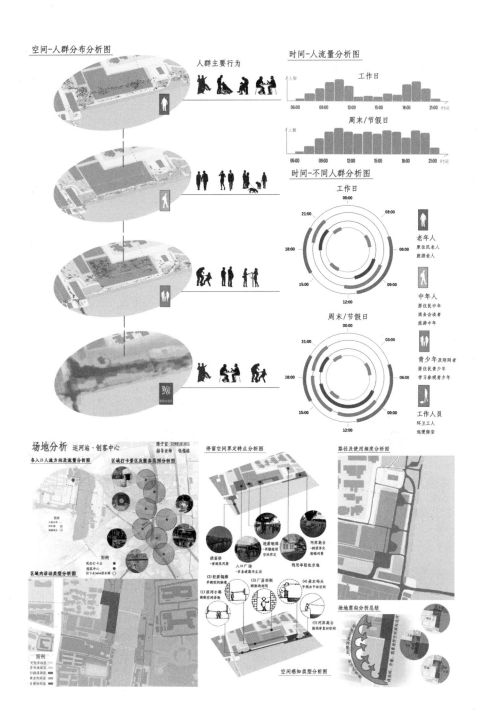

陈子宜 2019 级

作业点评

场地认知以区域中人的活动为基点，分析了人流方向、空间分布、使用人群类型及特点，以及建筑功能、空间特点及主观感知。时间—人流柱状分析图、24 小时不同人群环状分析图表达清晰。

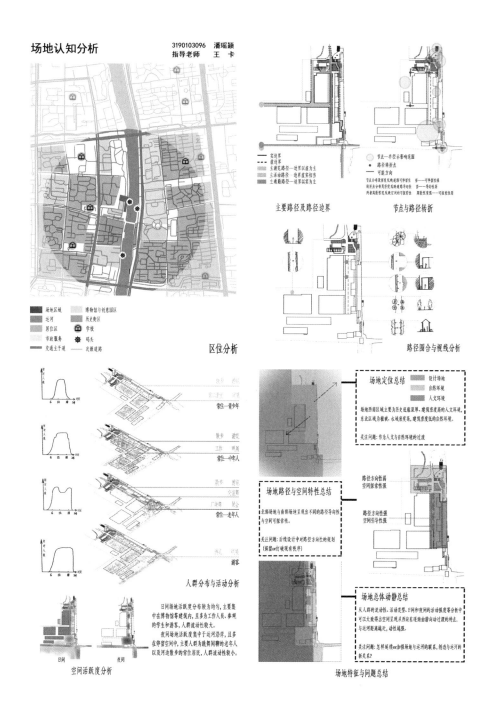

场地认知分析

3190103096　潘瑶颖
指导老师　王　卡

主要路径及路径边界　　节点与路径转折

路径围合与视线分析

区位分析

人群分布与活动分析

空间活跃度分析

日间场地活跃度分布较为均匀，主要集中在博物馆等建筑内，且多为工作人员、参观的学生和游客，人群流动性较大。
夜间场地活跃度集中于运河沿岸，且多在停留空间内。主要人群为跳舞闲聊的老年人以及河边散步的常住居民，人群流动性较小。

场地定位总结

场地路径与空间特性总结

场地总体动静总结

场地特征与问题总结

163

作业点评

场地认知聚焦于区位、人群及空间使用，并做了设计相关的分析评价。从节点和路径出发，分析路径空间围合度及人群活动特征，为下阶段设计提出了定位、路径及场地特征的依据。线图的表达方式和字体使用欠妥。

潘瑶颖 2019 级

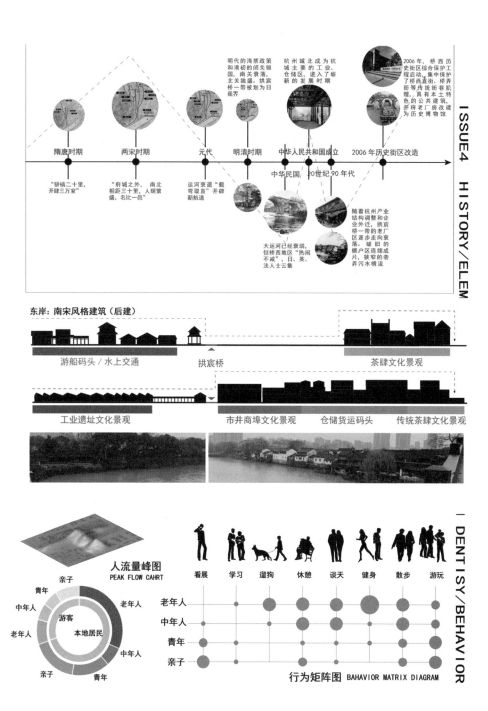

明代的海禁政策和清初的闭关锁国，南关衰落，北关独盛，拱宸桥一带被划为日租界

杭州城北成为杭城主要的工业、仓储区，进入了崭新的发展时期

2006年，桥西历史街区综合保护工程启动，集中保护了桥西直街、桥弄街等传统街巷肌理，具有本土特色的公共建筑，并将老厂房改建为历史博物馆

隋唐时期　　两宋时期　　元代　　明清时期　　中华人民共和国成立　　2006年历史街区改造

中华民国　　20世纪90年代

"骈樯二十里，开肆三万室"

"府城之外，南北相距三十里，人烟繁盛，名比一邑"

运河衰退"截弯取直"开辟新航道

大运河已经衰弱，但桥西地区"热闹不减"，日、英、法人士云集

随着杭州产业结构调整和企业外迁，拱宸桥一带的老厂区逐步走向衰落。破旧的棚户区连绵成片，狭窄的巷弄污水横流

东岸：南宋风格建筑（后建）

游船码头／水上交通　　　　拱宸桥　　　　茶肆文化景观

工业遗址文化景观　　　　市井商埠文化景观　　仓储货运码头　　传统茶肆文化景观

人流量峰图
PEAK FLOW CAHRT

亲子　青年　中年人　老年人　游客　本地居民　亲子　青年　中年人　老年人

看展　学习　遛狗　休憩　谈天　健身　散步　游玩

老年人　中年人　青年　亲子

行为矩阵图 BAHAVIOR MATRIX DIAGRAM

张可昕 2019级

作业点评

对基地从古代到现代各关键历史节点的发展定位做了系统分析，对基地在设计中的定位有较清晰的认知。场地剖立面建筑文化景观分析的剪影方法直观表达了建筑景观及文化，人群活动分析也较为直观系统。

164

商船、商铺

手工艺文化

杭州高铁

轻工业发展

杭州经济中心

地摊经济

● 杭州与运河站历史文化脉络推演

拱宸书院

拱

厂房改造

同和里弄堂

小河直街雕塑

旅游船

运河广场

视点与视线分析图 左右两岸对比/码头消隐或突出/关键节点/建筑物看与被看

看与被看

节点一

节点二

节点三

作业点评

余爽 2019 级

整体分析系统完整。基地历史文化脉络分析
清晰直观。用整体鸟瞰结合视点照片方法，
较好表达基地氛围和视线及景观关系，重点
分析出该场地的"看"与"被看"的相互关系。

2019 春 · 码头
2020 春 · 码头
2021 春 · 创客中心

运河站－码头设计

设计：高存希
指导：浦欣成

树的地下水路

屋顶平面 1:200

一层平面 1:200

东立面 1:200

A-A剖面 1:200

B-B剖面 1:200

区位图 1:5000

总平面 1:500

壹 坡道洞口尽头的光

贰 树与石窟候船道

叁 向纯粹进发

高存希 2017 级

作业点评

设计概念清晰，围绕场地中需要保留的两棵大树组织流线，通过水平石墙划分上下船流线空间，坡道联系场地和码头，丰富了空间体验。建筑内部场景渲染较好地表达了空间氛围，但是外部环境表达没有体现基地情况。

运河站—码头设计 织景

设计：胡铃儿　指导：高峻

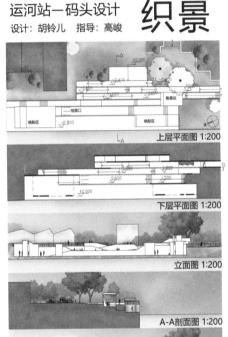

上层平面图 1:200

下层平面图 1:200

立面图 1:200

A-A剖面图 1:200

B-B剖面图 1:200

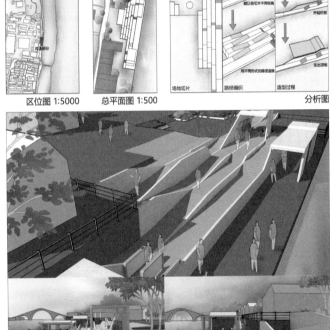

区位图 1:5000　　总平面图 1:500　　分析图

透视图

胡铃儿 2017 级

作业点评

设计将与场地平行的坡道作为解决常用步行标高和码头登船标高之间的
沟通要素，坡道兼具交通和游憩两种功能。候船等功能结合坡道造型，
与整个场地较好地融合。坡道和建筑充分融入环境，提供了丰富的空间
体验。

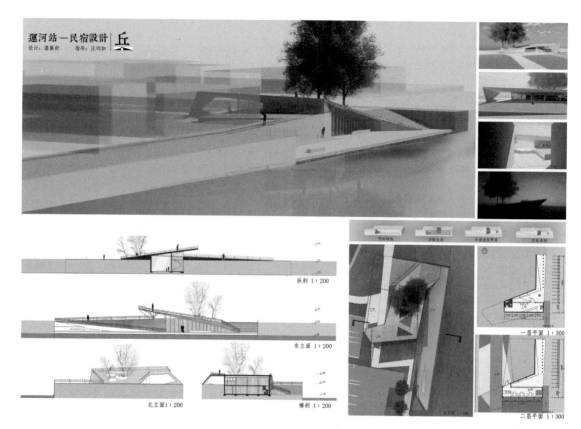

170

潘翼舒 2018 级

作业点评

设计用两个坡解决了场地高差及功能布局。高处的坡锚固了建筑与道路关系，并引导人流进入建筑，屋顶可以眺望整个区域；低处的两个坡分别通过大台阶及坡道实现，形成合理的交通环线。

运河站—码头设计 五回

设计：金晨晰　指导：王卡

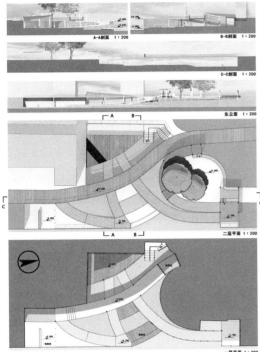

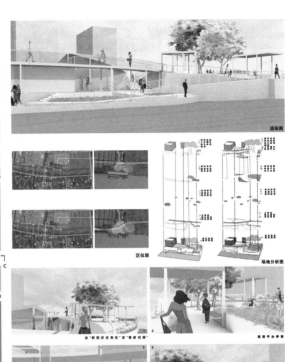

作业点评

通过重构场地路径凸显基地景观优势，将人流引入滨水开放空间。多重回路将场地空间进行了合理有效划分，增加空间丰富体验并解决了无障碍通行问题。分析图表达色彩跟其他图纸不统一。

金晨晰 2018 级

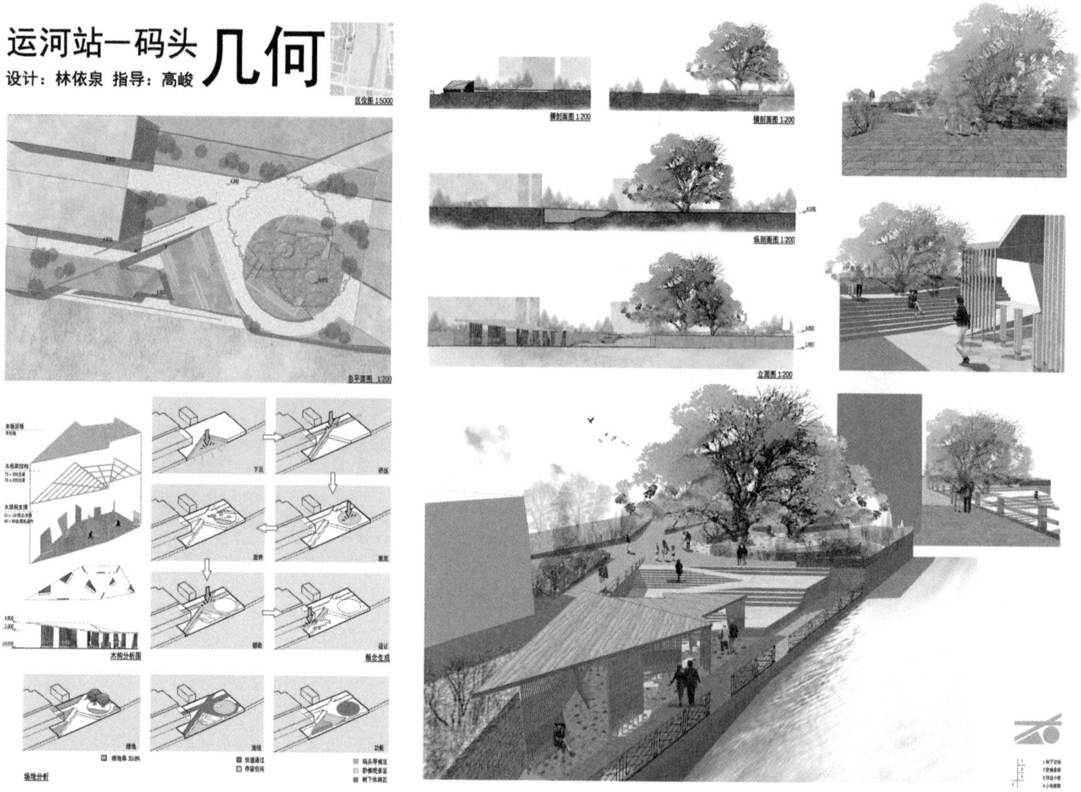

运河站—码头 几何

设计：林依泉 指导：高峻

区位图 1:5000

总平面图 1:200

横剖面图 1:200

横剖面图 1:200

纵剖面图 1:200

立面图 1:200

木构分析图

插件分析

林依泉 2018 级

作业点评

整体设计构思简洁，以河边保留大树为背景，朝向核心景观方向——拱宸桥设计坡度广场。台阶广场既是交通通道，也是景观休息基面，同时解决了无障碍通行问题。木构小建筑造型与基地形式一致，建构表达清晰。

172

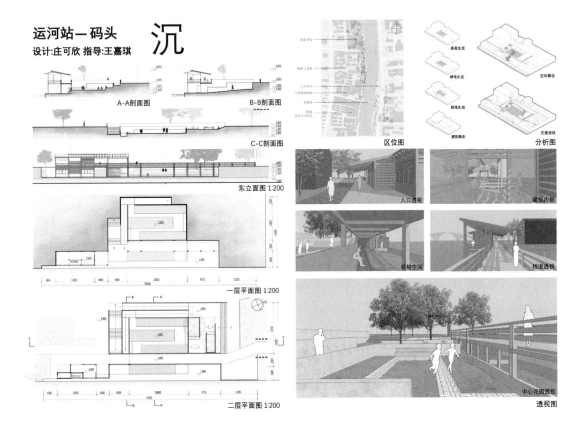

运河站—码头 沉

设计:庄可欣 指导:王嘉琪

A-A剖面图

B-B剖面图

C-C剖面图

东立面图 1:200

一层平面图 1:200

二层平面图 1:200

区位图

分析图

入口透视

建筑内部

候船空间

栈道透视

中心花园透视

透视图

作业点评

庄可欣 2018 级

通过下沉方法组织整个场地设计，下沉广场扩大了码头空间尺度，兼顾
了交通及景观休闲功能。整个流线合理，沿河增设了空中联系廊道，界
定了内外广场，丰富了空间体验。

归还·林隙里 —— 运河站创客中心设计

设计：吕创 3190103509
指导老师：钱锡栋 鲍舒昀

174

很久很久以前，人们在树林中穿行、嬉游，在拱窗桥边上，人们在开放的场地中歌舞，人们总喜欢在能看到人的地方活动，人们总喜欢在可以有所依靠的地方活动。在建筑重造之后，重新焕发生机的运河站和创客中心能否归还场地中人们的行为方式？是否能归还人们源自天性的记忆？本设计通过归还与抽象树林的营造，尝试解决新的功能的引入与人们记忆中的行为方式之间的矛盾。

地下一层平面 1:200

一层平面 1:200

二层平面 1:200

总平面图 1:500

BASIC ORDER 基本秩序　　SPACE COMPOSITION 空间构成

GENERATIVE LOGIC 生成逻辑

纵剖面 1:200　　　横剖面 1:200　　　正立面 1:200

作业点评

吕创 2019 级

在周围均是绿树的基地中，建筑通过中柱升起的方式与环境对话。错落
的建筑单元开放了底层空间，在二层通过平台相连。设计概念清晰，剖
透视对此进行了很好的表达。

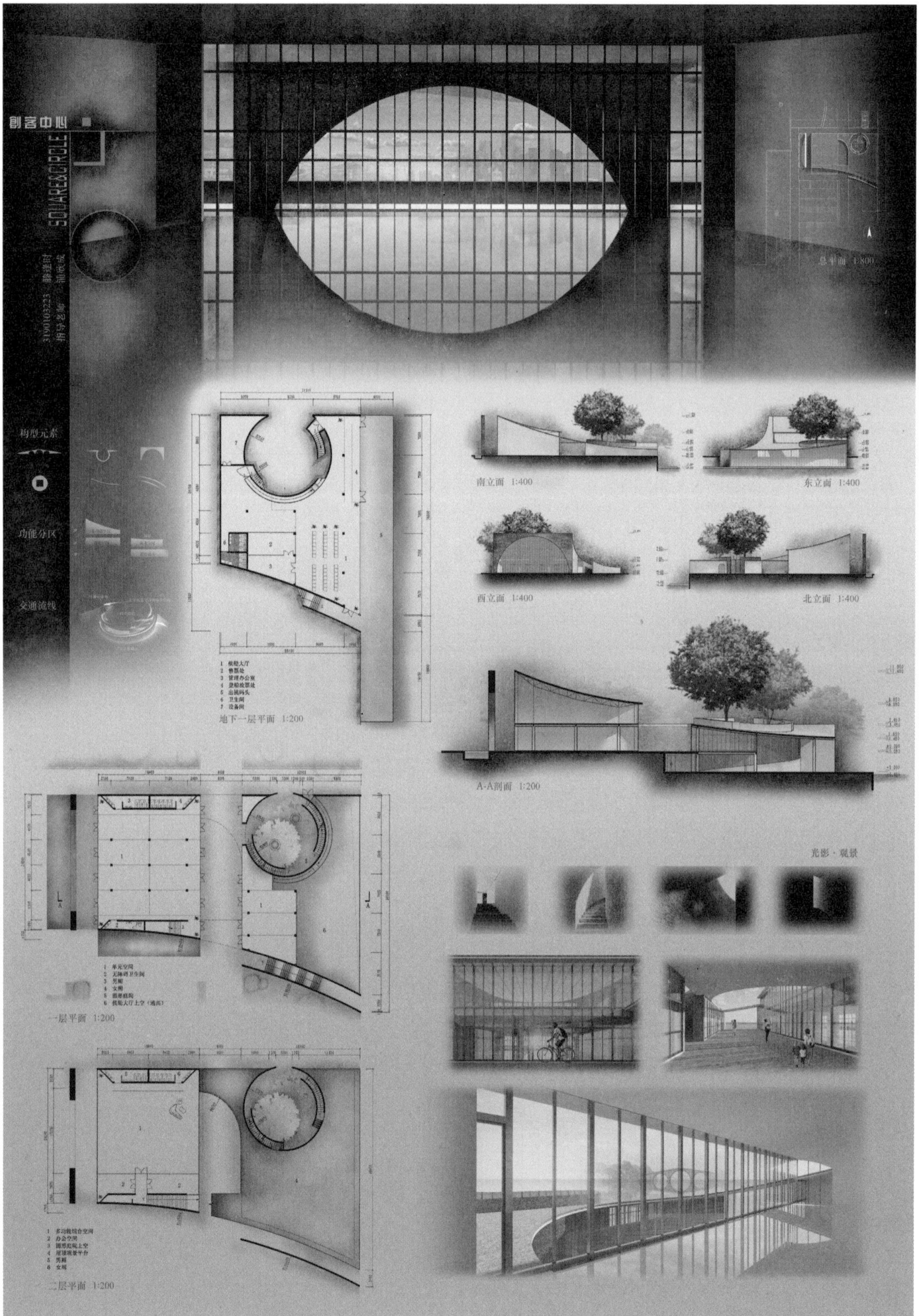

創客中心
SQUARE&CIRCLE
指导老师
构型元素
功能分区
交通流线
总平面 1:800
1 候船大厅
2 售票处
3 管理办公室
4 登船检票处
5 出挑码头
6 卫生间
7 设备间
地下一层平面 1:200
南立面 1:400
东立面 1:400
西立面 1:400
北立面 1:400
A-A剖面 1:200
1 单元空间
2 无障碍卫生间
3 男厕
4 女厕
5 圆形庭院
6 候船大厅上空（通高）
一层平面 1:200
1 多功能综合空间
2 办公空间
3 圆形庭院上空
4 屋顶观景平台
5 男厕
6 女厕
二层平面 1:200
光影 · 观景

176

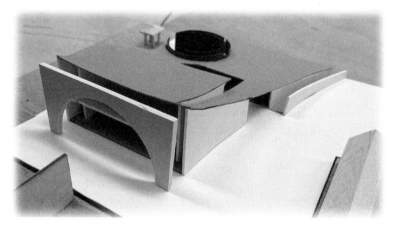

作业点评

滕逢时 2019 级

抽取环境中构型要素，重新定义了场地。通过剖面弧形屋面处理，建筑
体量获得消减，并产生了绝佳的景观视线，拱宸桥跟建筑产生了视线和
形式上的呼应。图纸表达清晰准确，很好地反映了设计概念。

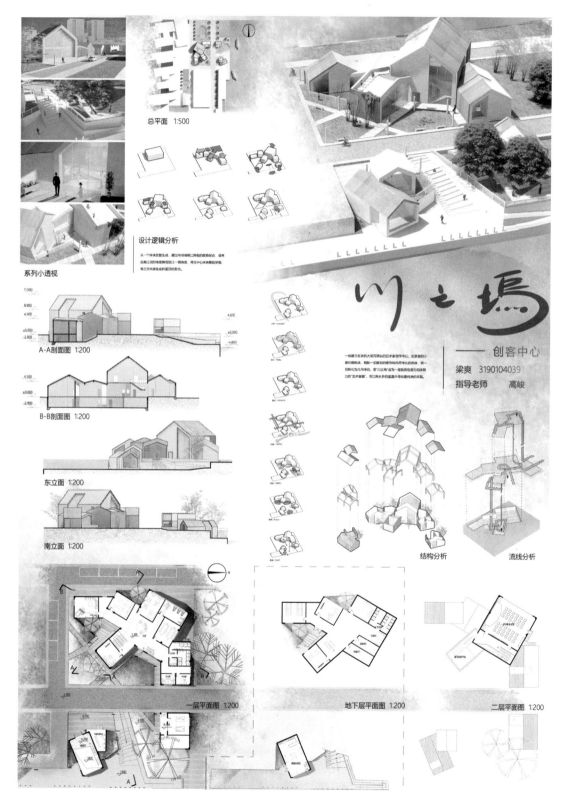

总平面 1:500

设计逻辑分析

从一个体块发散生成。通过与结构和江岸线的趋势契合，谧寻远离江边的角度降低江边高度。再往中心体量延伸，再主方体演变成斜屋顶的形态。

系列小透视

11,500
8,900
4,500
±0,000
-2,900

4,600
±0,000
-4,800

A-A剖面图 1:200

4,500
±0,000
-2,900

B-B剖面图 1:200

东立面 1:200

南立面 1:200

川之坞

—— 创客中心

梁爽 3190104039

指导老师 高峻

一座建立在余机大坝河岸边的艺术家创作中心，也参差部分展览情趣味，剔除一切的繁琐细节内容与中心的诉求。将一切转化为几句身白。营"川之坞"成为一座服务包容的结承载力的"艺术聚落"，在江南水乡的蓝图中寻找最优构件的本真。

结构分析

流线分析

一层平面图 1:200

地下层平面图 1:200

二层平面图 1:200

178

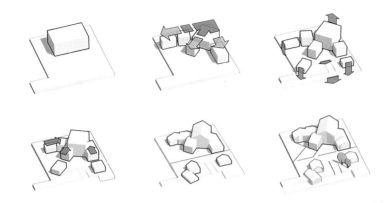

作业点评　　　　　　　　　　　　　　　　　　　　　　　　梁爽 2019 级

设计从场地认知出发，对建筑功能体量进行合理组织，分为集中体量创客区和分散体量码头区，较好地解决了建筑与环境的整体关系。建筑形式上用散落的小型双坡体量呼应了历史环境和"艺术"主题。

2019 夏 · 民宿
2020 夏 · 艺仓
2021 夏 · 艺作聚落

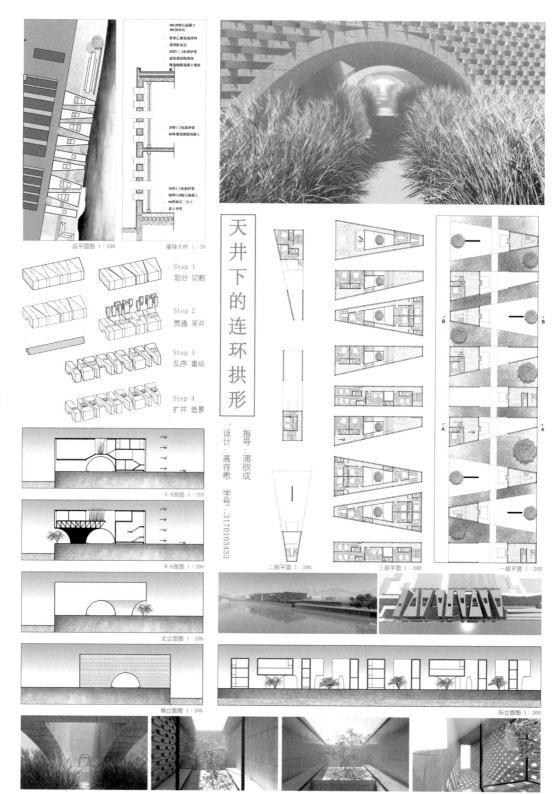

182

总平面图 1:500　墙身大样 1:20

Step 1　划分 切割
Step 2　贯通 采井
Step 3　乱序 重组
Step 4　扩井 造景

天井下的连环拱形

指导：浦欣成
设计：高存希
学号：317010343

A-A剖面 1:200
B-B剖面 1:200
北立面图 1:200
南立面图 1:200

二层平面 1:200　三层平面 1:200　一层平面 1:200

东立面图 1:200

作业点评

高存希 2017 级

通过切割的手法，塑造了公共空间和建筑单元。横向公共空间形状多变，塑造了多种空间体验；纵向拱形通道将之串联起来，打破了狭缝空间紧张感，提供了功能联系。"连环拱"概念清晰，形式上巧妙地回应了基地边的拱宸桥。单元建筑被分为 3 种类型，每个民宿单元取得均等的景观及阳光资源分配。

运河宿

层叠

设计:胡玲儿
指导:高 峻

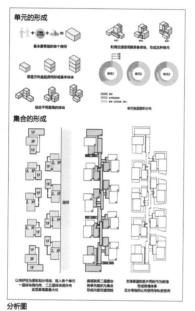

单元的形成

基本要素组织单个房间

利用交通空间联系各体块,形成三种单元

竖直方向叠起房间形成基本体块

组合不同起筑的体块

单元各层面积分布

集合的形成

以均好性为原则划分场地,放入各个单元
一层体块集约在内侧,二三层体块偏向外侧
实现景观面最大化

廊道联系二层露台
将单元组织为集合
形成内部交通流线

支体廊道的板片倒作为前墙
区分场地的公共空间与私密空间

分析图

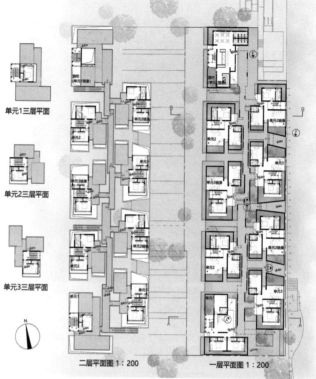

单元1三层平面

单元2三层平面

单元3三层平面

N

二层平面图 1:200

一层平面图 1:200

总平面图 1:500

墙身剖面图 1:20

A-A 剖面图 1:200

B-B 剖面图 1:200

南立面图 1:200

北立面图 1:200

东立面图 1:200

透视图

184

单元的形成

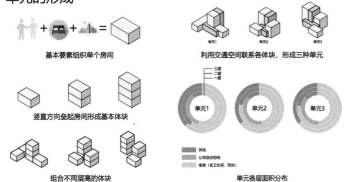

基本要素组织单个房间

利用交通空间联系各体块，形成三种单元

竖直方向垒起房间形成基本体块

单元各层面积分布

组合不同层高的体块

其他

公共活动空间

客房（含卫生间、阳台）

集合的形成

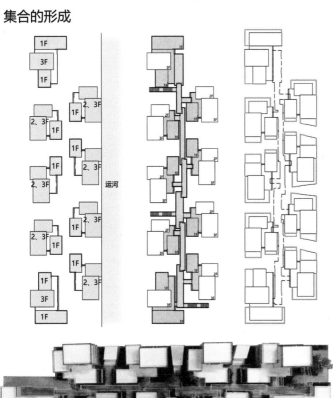

运河

作业点评   胡铃儿 2017 级

设计从单元构建出发，将不同功能组织在 3 个层面高度，从而形成单元
基本类型，每个单元设置不同标高的庭院、阳台、露台等外部空间类型；
依据总图单元布局位置朝向及景观需求，形成 3 个不同类型单元演化。
单元之间形成公共廊道，形成两个层次的空间联系。设计制图表达严谨
规范。

运河站—民宿设计

索爾兹伯里的復活节

设计:江钧　指导:汪均如

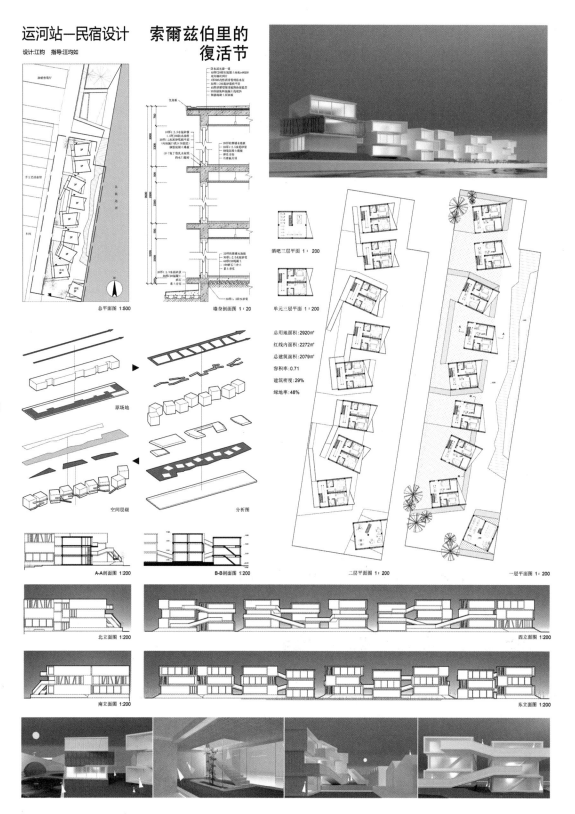

总平面图 1:500

墙身剖面图 1:20

酒吧三层平面 1:200

单元三层平面 1:200

总用地面积:2920㎡

红线内面积:2272㎡

总建筑面积:2079㎡

容积率:0.71

建筑密度:29%

绿地率:48%

原场地

空间层级

分析图

二层平面图 1:200

一层平面图 1:200

A-A剖面图 1:200

B-B剖面图 1:200

北立面图 1:200

西立面图 1:200

南立面图 1:200

东立面图 1:200

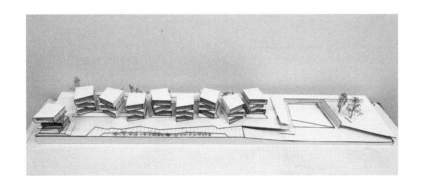

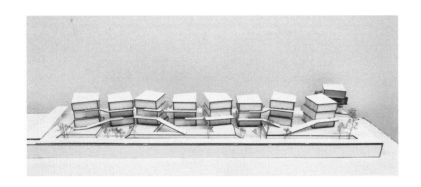

作业点评

江钧 2017 级

建筑单元采用了 3 层方整一致的体量策略，单元建筑占地面积最小，使得 9 个单元可以沿运河一线排开，每个单元都取得了最大景观朝向。根据空间节奏，单元做了扭转或连接。朝向运河的景观面的景观阳台错动，形成了丰富的视觉体验。但设计表达过于抽象，虚化了环境的表达。

芸·琴

运河站—艺仓
九架钢琴与云的共鸣

3180101463　陆浩
指导老师　罗晓予

总平面图　1:500

用地面积：2921 m²
实际建筑面积：2635 m²
单元A：210 m²
单元B：240 m²
单元C：250 m²
容积率：1.02
绿地率：30%

设计说明：在码头选取了水流意象的基础上，此次艺仓设计选取云与钢琴的意象结合，最大化发挥廊道的空间，营造活跃的交流氛围和艺术家聚集区的独特气质

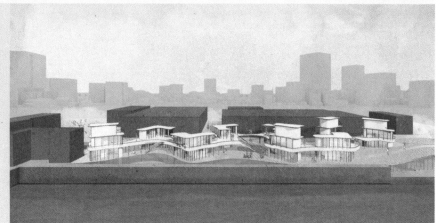

形体生成　　断开

生成退台　　延展

空间分析

单元A三层平面　1:200

单元A顶平面　1:200

单元B顶平面　1:200

单元C顶平面　1:200

1-1 剖面　1:200

2-2 剖面　1:200

南立面　1:200

北立面　1:200

墙身大样　1:20

二层平面　1:200

一层平面　1:200

沿河立面　1:200

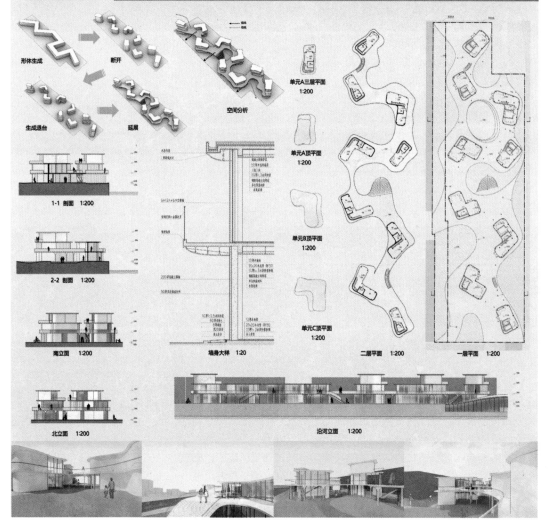

188

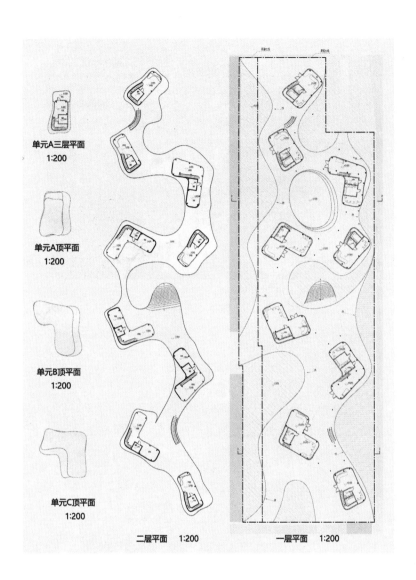

单元A三层平面
1:200

单元A顶平面
1:200

单元B顶平面
1:200

单元C顶平面
1:200

二层平面 1:200

一层平面 1:200

作业点评

整个设计过程逻辑清晰地表达了从基地使用到单元生成再到形态细化的过程，形成了一条连续的公共廊道及不同朝向及大小的 7 个外部公共功能空间。9 个单元分成 3 种，每个单元均取得了良好朝向及景观视线。但小透视角度选取稍显随意，构图不够严谨。

陆浩 2018 级

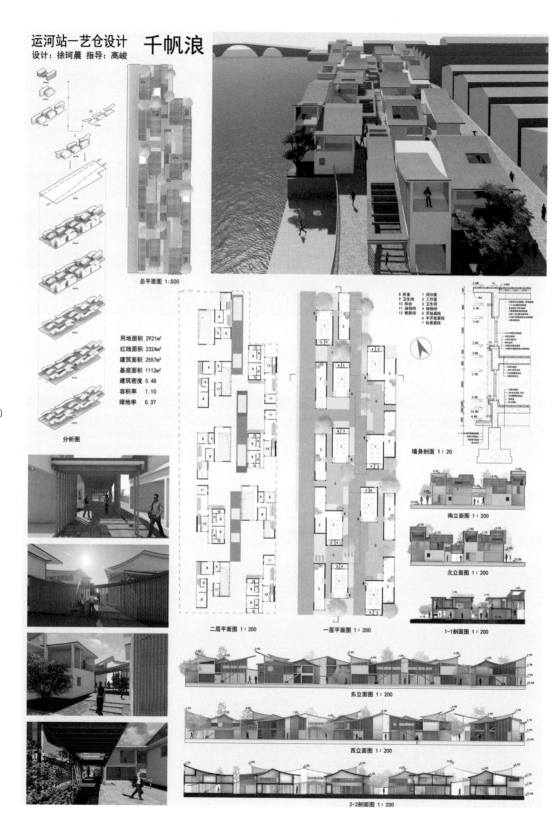

运河站—艺仓设计　千帆浪

设计：徐珂晨　指导：高峻

分析图

总平面图 1:500

用地面积　2921m²
红线面积　2324m²
建筑面积　2557m²
基底面积　1112m²
建筑密度　0.48
容积率　　1.10
绿地率　　0.37

1 培训室
2 工作室
3 卫生间
4 储物间
5 开放庭院
6 半开放庭院
7 私密庭院
8 卧室
9 卫生间
10 阳台
11 储物间
12 餐厨间

二层平面图 1:200

一层平面图 1:200

墙身剖面 1:20

南立面图 1:200

北立面图 1:200

1-1剖面图 1:200

东立面图 1:200

西立面图 1:200

2-2剖面图 1:200

190

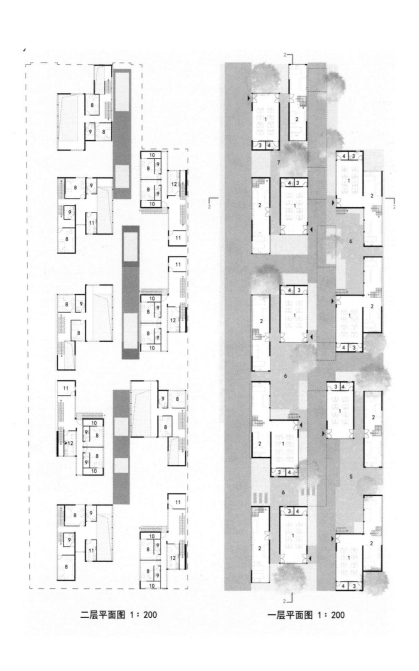

二层平面图 1：200   一层平面图 1：200

作业点评

设计注重每个单元建筑空间的建构：开放的培训空间、半开放的工作空间及附属的院落和外部廊道空间一同构成了高密度、丰富体验的室内外空间体系。建筑形式语言呼应周边场地环境，立面建构材料和方法反映了现代材料的建造方式。

徐珂晨 2018 级

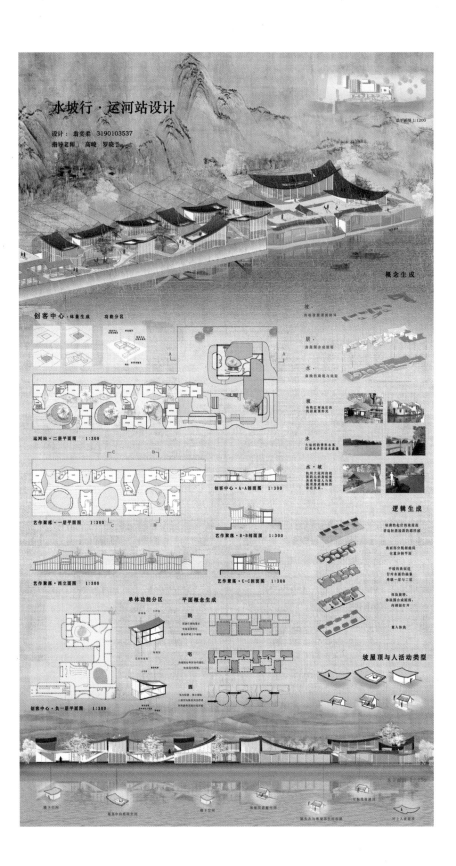

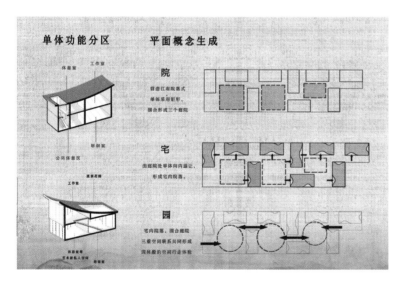

作业点评

翁奕柔 2019 级

设计紧扣课程要求，从运河历史街区基地认知出发，选取传统院落空间类型作为设计原型，结合古典园林的廊、天井等组织手法进行设计转译。设计将 9 个集合单元沿河形成了 3 个不同性质和开口方向的公共院落，通过公共廊道空间相连；公共廊道与每个单元建筑之间设置天井来界定公共与私密界限。整体设计逻辑建构清晰，建筑形式恰当地回应了基地环境和功能空间营造需求。设计提取了运河场地文脉与建筑形式的两个主要元素，营造如水意象的廊道与漂浮之上的坡屋顶。保留原有景观形态的同时进行新的创造，同时营造丰富的人与坡屋顶的活动关系：可触摸屋顶、檐下空间、屋顶行走空间、隔天井相望空间等。

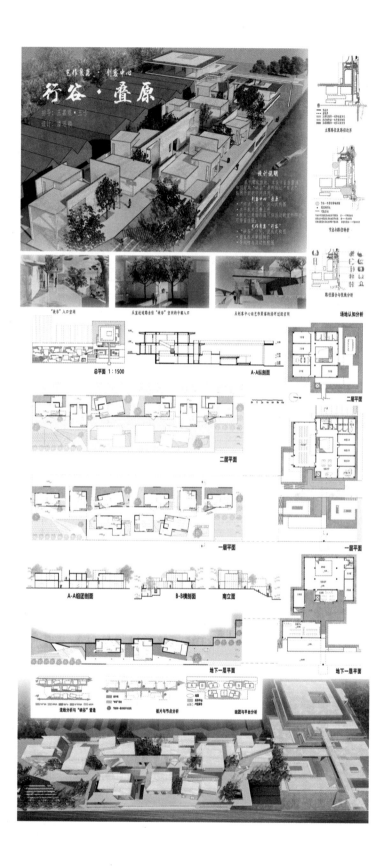

194

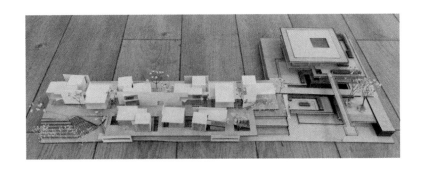

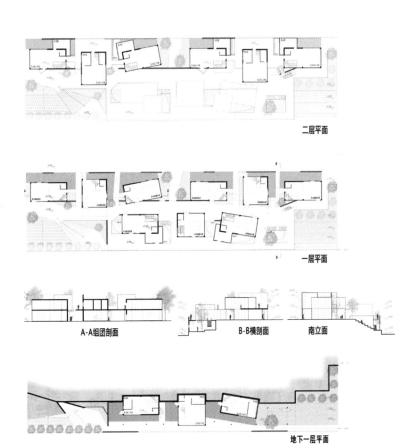

二层平面

一层平面

A-A组团剖面　　　　　B-B横剖面　　　南立面

地下一层平面

作业点评

潘瑶颖 2019 级

设计表达了向运河充分开放的意图：减少单元的沿河布置－ 3 个单元靠外侧沿河排列、6 个单元靠内侧排列；设置两层标高沿河公共空间廊道与场地周边的节点相连。沿河单元的两层布局也遵循该意图，下层空间与码头相同标高，上层则与基地主要通行路径相连。退台做法和个别单元的体量扭转获得了丰富的集合形态。基地南侧的台阶布局和基地北侧码头场地形成了呼应关系。

归还·自然之界——运河站艺作聚落设计

设计：吕创 3190103
指导老师：汪均如

196

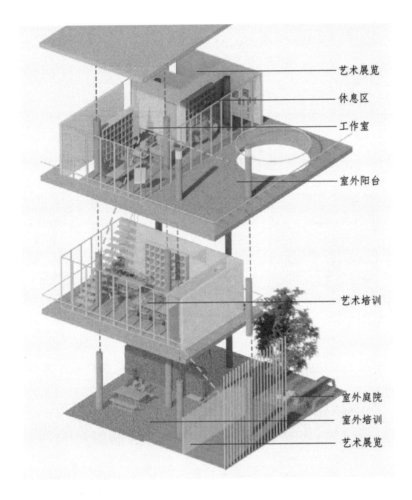

艺术展览
休息区
工作室
室外阳台

艺术培训

室外庭院
室外培训
艺术展览

作业点评

吕创 2019 级

设计延续创客中心理念，将地面层尽可能开放，在二、三层设置单元建筑的主要功能空间及公共联系廊道；每个单元在二、三层做了 90°扭转，产生了不同尺度和高度的灰空间，为基地层面提供了丰富的空间感受。单元建筑错落布局，兼顾了单元均好性。渲染图纸对外部空间效果的表达较为充分，体现了设计意图和集合空间效果。分析图有效传达了清晰的设计思路。

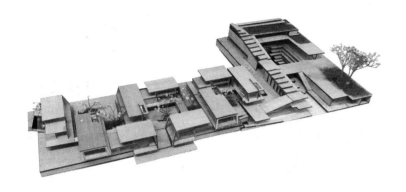

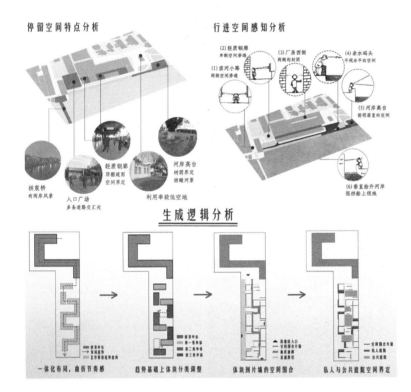

停留空间特点分析

拱宸桥
有两岸风景

入口广场
多条道路交汇处

轻质钢廊
顶棚遮雨
空间界定

河岸高台
利用率较低空地

河岸高台
树荫界定
俯瞰河景

行进空间感知分析

(2) 轻质钢廊
单侧空间渗透

(1) 滨河小路
两侧空间渗透

(3) 厂房西侧
两侧均封闭

(4) 亲水码头
平视水平向空间

(5) 河岸高台
俯瞰垂直向空间

(6) 垂直抬升河岸
阻挡船上视线

生成逻辑分析

一体化布局,曲折节奏感

趋势基础上体块分类调整

体块到片墙的空间围合

私人与公共庭院空间界定

陈子宜 2019 级

作业点评

顺应创客中心流线布局,艺创集合采用曲折路径来进行总体布局,形成 2 个内心、3 个外向公共院落的空间结构。每个单元依据布局要求分为不同朝向及方位的 3 种单元类型。结合体量和片墙设置不同开放性公共院落和私人院落空间,并通过连廊进行串联。单元的二、三层体量与二层公共平台相互穿插,形成富于变化的聚落形态。设计及制图深入,表达完整。

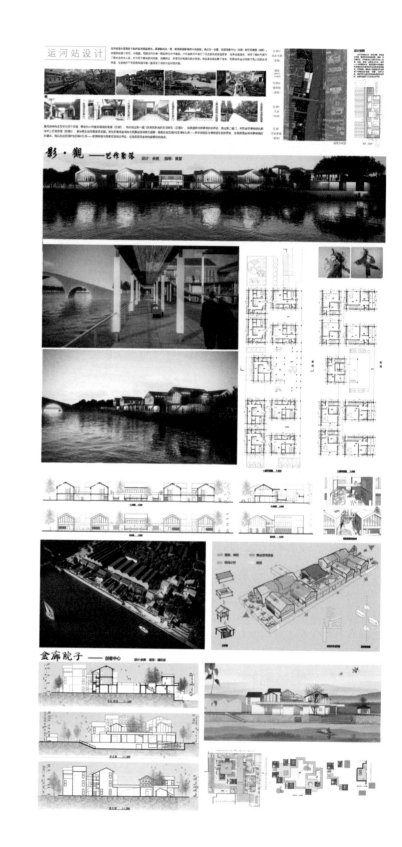

运河站设计

一层平面图　1:200

二层平面图　1:200

运河

作业点评

余爽 2019 级

单元设计采用简单两层长方形体量，通过方向调整围合出 3 个不同尺度朝向运河开放的院落。单元设计细致深入，图纸表达完整清晰。公共廊道设计简洁合理，有效地完成交通功能并串联围合了公共院落空间。建筑造型简洁，两层双坡顶重复的形式节奏较好地融入了基地环境。

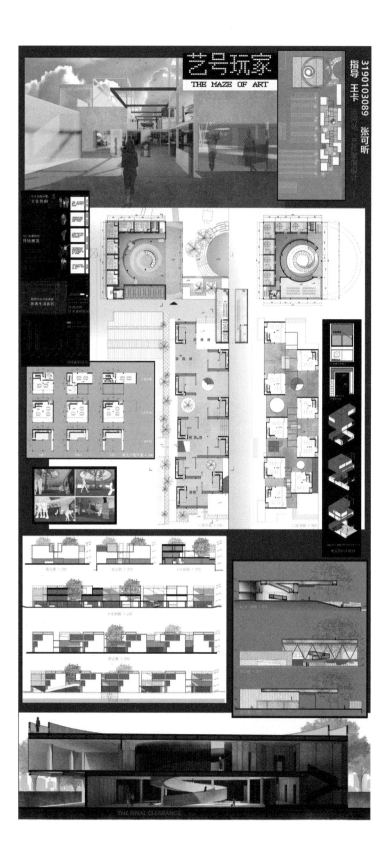

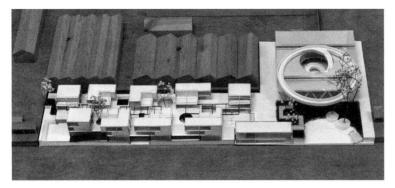

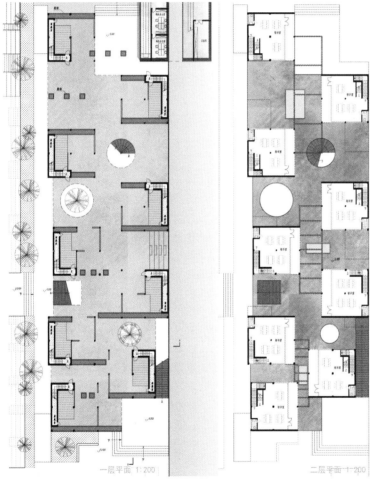

一层平面 1:200　　　　　　　　二层平面 1:200

作业点评　　　　　　　　　　　　　　　　　　　张可昕 2019 级

单元在 10m×10m 的方体中进行功能布局，结合整个基地的总体空间布
局演化为 3 种不同类型单元。剖面空间布局上，采用了开放底层，二、
三层做功能单元的模式，底层因此形成了连续的公共空间，并通过顶板
的挖空与二层平台形成了较好的互动关系。艺作聚落的方形体块、圆形
天井与创客中心的方形体块、圆形场地形成了有趣的对话关系。

图片来源

图 1-1: 编者根据谷歌地球卫星照片绘制

图 1-2: 编者自绘

图 1-3: 编者自摄

图 1-4: 2018 级 陆浩

图 1-5: 2018 级 陆浩

图 1-6: 2018 级 陆浩

图 1-7: 2018 级 陆浩

图 1-8: 2005 级 冯肖岚

图 1-9: 2006 级 薛芃

图 1-10: 2012 级 陈睿鑫

图 1-11: 2015 级 李楠

图 1-12: 2019 级 滕逢时

图 1-13: 编者自摄

图 1-14: 2018 级 林依泉 伍嘉妮 华颖

图 1-15: 编者自摄

图 2-1: 编者自绘

图 2-2: 网络 https://www.sohu.com/a/320352187_756720

图 2-3: 杭州市中山路综合保护与有机更新工程 高银街至西湖大道段核心区方案设计 - 中国美术学院 中国美术学院风景建筑设计研究院 . 2008

图 2-4: 2019 级 吕创

图 2-5: 2019 级 吕创

图 2-6: 2019 级 吕创

图 2-7: 2019 级 吕创

图 2-8: 网络 https://www.sohu.com/a/275409792_465804

图 2-9: 网络 http://www.dhfsxx.com/d_26313362.html

图 2-10: 网络 https://www.meipian.cn/2mg1j1v1

图 2-11: 网络 https://www.sohu.com/a/254798076_100217182

图 2-12: 网络 https://www.sohu.com/a/208535949_188910

图 2-13: 编者自摄

图 2-14: 异规 . （英）巴尔蒙德著：李寒松译 . 北京：中国建筑工业出版社 . 2007,《建筑与都市》中文版发行三周年纪念特别专辑 - 塞西尔·巴尔蒙德 . 北京：中国电力出版社 . 2008

图 2-15: El Croquis 123 Toyo Ito 2001-2005 beyond Modernism. El Croquis Edizioni L'archivolto. January 1, 2005

图 2-16: 2017 级 罗洋 丁任琪 赵睿

图 2-17: 2018 级 丁翀

图 2-18: 2018 级 华颖

图 2-19: 编者自摄

图 2-20: 网络 https://www.douban.com/note/782061608/

图 2-21: 网络 https://www.douban.com/note/782061608/

图 2-22: 网络 https://www.douban.com/note/782061608/

图 2-23: 2019 级 潘瑶颖

图 2-24: 2019 级 潘瑶颖

图 2-25: 2018 级 洪辰

图 2-26: 2019 级 潘瑶颖

图 2-27: 2019 级 翁冯韬 杨佳怡

图 2-28: 编者自摄

图 2-29: 2018 级 汪川淇 丁翀 蔚岱蓉

图 2-30: 2019 级 潘瑶颖

图 3-1: 编者自绘

图 3-2: 2017 级 王兆恒 曹宇 华同非

图 3-3: 2017 级 姚新楠 宝启昌 郑锴钧

图 3-4: 编者自绘

图 3-5: 编者自绘

图 3-6: 编者自绘

图 3-7: 编者自绘

图 3-8: 编者自绘

图 3-9: 编者自摄

图 3-10: 2017 级 郑力铨 张毅卓 顾思佳

图 3-11: 2017 级 郑力铨 张毅卓 顾思佳

图 3-12: 2017 级 姚新楠 宝启昌 郑锴钧

图 3-13: 2017 级 姚新楠 宝启昌 郑锴钧

图 4-1: 网络 https://www.sohu.com/picture/257777945

图 4-2: 编者自摄

图 4-3: 编者自绘

图 4-4: 编者自摄

图 4-5: 谷歌地球历史影像

图 4-6: 2017 级 高存希

图 4-7: 2017 级 高存希

图 4-8: 2019 级 娄舒涵